樂銷熱銷

愛上銷售的樂趣

陳易辰 著

大數法則上
加入有技巧性的銷售
經營方式
業績更加穩定

國家圖書館出版品預行編目（CIP）資料
樂銷，熱銷，愛上銷售的樂趣 / 陳易辰著. -- 初版. -- 高雄市 : 藍海文化事業股份有限公司, 2023.08
面 ;　　公分
ISBN 978-626-96381-6-1(平裝)
1.CST: 銷售　2.CST: 銷售員　3.CST: 職場成功法
496.5　　112012179

樂銷，熱銷，愛上銷售的樂趣

作　　者　陳易辰
發 行 人　楊宏文
編　　輯　李麗娟
封面設計　黃士豪
內文排版　許曉菁

出 版 者　藍海文化事業股份有限公司
802019高雄市苓雅區五福一路57號2樓之2
電話：07-2265267
傳真：07-2233073
購書專線：07-2265267轉236
E-mail：order@liwen.com.tw
LINE ID：@sxs1780d
線上購書：https://www.chuliu.com.tw/
臺北分公司　100003臺北市中正區重慶南路一段57號10樓之12
電話：02-29222396
傳真：02-29220464
法律顧問　林廷隆律師
電話：02-29658212

刷　　次　初版一刷．2023年8月
定　　價　420元
I S B N　978-626-96381-6-1（平裝）

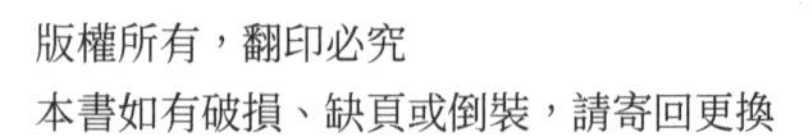

Contents

目　錄

自 序

筆者本身自 2011 年踏入信貸電話行銷工作，已經有 12 年多的經驗。期間也看過很多有關銷售心理學跟學習銷售技巧的書籍，但大部分都是在說明銷售技巧跟銷售心理學的書，卻沒有看過一本有關信貸銷售架構，以及一些有關信貸銷售方式的書籍，所以看完之後，還是很不清楚其中的含意跟原因。其實，大部分的超級業務本身思維跟天生講話的習慣，就跟大家就有些不同，對於業績的渴望跟堅持，相對的也是特別執著，有一種不畏懼客戶拒絕的心態。但是，筆者自認為算是平庸的人物，也有著不喜歡勉強別人的個性。

筆者一開始也是模仿，揣測大概要怎樣去做，到最後，分析出一套銷售邏輯架構及經營方式，將經多次調整跟嘗試得到的邏輯，透過多年的培訓分享，造就產生許多百萬年金的學弟妹，改良最終結論而產生的最終版本。

這是一本有關銷售技巧架構跟引發對於財商思維的書，過去電銷的職場大多是崇尚大數法則的部分，筆者本身覺得大數法則沒有不好，但是如果再加上有技巧性的銷售跟經營方式，可以讓自己每個月歸零的業績更加穩定，在心態上面更不會受到工作環境所影響。

其實會打算出版這本書的動機其實很簡單，因為筆者在 2022 年的 7 月份急性腦中風之後，發現自己講話能力跟思考能力有很大的衰退，當時的筆者，深怕自己的工作能力跟業務能力會於哪一天突然遺失。其實筆者一直感恩當初啟發筆者的主管 RITA，把筆者培養成為有思考能力的業務員，才有努力嘗試修復思考邏輯後，依舊維持著業務能力的我；也感謝當初筆者打算提離職之時，帶領我的魏科長，因他說的一句話：「如果要復健練習思考跟講話，這份工作不就是最適合你的復健方式嗎？為啥一定要用離職來處理事情，我都願意相信你可以修復的，去到其他環境的工作，未必能了解你的情況。」在魏科長的建議下，筆者選擇繼續留在原單位努力做調整。最終，筆者用了 2、3 個月把自己當作新人，一步一步的找尋當初自己的記憶，還有累積下來的基本功習慣，造就筆者用短短 3 個月左右的時間再度恢復能力。多虧了之前經營名單的方式跟銷售思維的架構，讓筆者可隨時調整復健進程。

如果身邊有中風過的人，就會知道復健之路有多辛苦。曾經，也有想過要離開銷售的職場，後來沒離開是有原因的，畢竟南部高雄的工作要年收百萬的收入不可能到處都有，決定再給自己一次機會，把過去的累積經驗重新再複習一次，以重新歸零的心態再次起步，讓自己能再度成為百萬年薪的人，並且成為業績為千萬的達人；加上自己有能力培養很多學弟妹對於銷售的技巧跟概念的啟發，了解銷售並非是不斷模仿跟學習放棄過去生活累積的經驗，反是藉由每個人過去的經驗去發揮自己更大的長處，讓銷售變成生活化的表達，進而在銷售過程中讓每通電話有不同的溝通方式跟樂趣，而非是以為了銷售而銷售的模式來思考。單獨只是介紹商品的話一點都不吸引客戶，現今通路那麼多元，客戶於網路上自己操作就可以何必要找你申請呢？可以突破這個問題，就能培養出自己的客戶群。

這本書不單單是從事業務的人可以好好思考運用的書籍，筆者更希望可以提供身為管理職的人，思考如何啟發業務人員的專長特質。不管在哪一個行業，對有心想學習、想認真工作的業務，管理職就不該把業務當作免洗碗筷在使用，從來不思考自己為何無法啟發每位業務的個性跟經歷專長，並套用在銷售工作上面。

前言

在銷售心理學跟技巧上，很重視個人天分，每一種銷售方式都會因不同的業務的環境背景跟思維邏輯，產生性質不同的效果。每個人的語氣跟音調講話的方式都會有所不同，用得好的留存下來，用得不好的就自然淘汰。業務單位有時流動力變高的原因，其實可以歸類兩個部分：

第一類：業務員沒有資質或沒有心。但是筆者相信，每個求職者如果要選擇業務工作前，都要有做好心理準備面對這項工作的挑戰。業務的難度真的極高，大家只都看到頂端業務的能力跟收入，卻沒有一個頂端的業務是希望大家可以一起共好的。因為大多數的人，沒有人希望身邊的其他人業務比自己好，尤其是有業務競爭的單位。所有的好，是建立在利益之上。其實，只要有好的方法跟正確的方向，並打好基本功，要在電銷的環境裡面生存並非難事。

第二類：因為管理職只會一直督促業務，以模仿學習去累積經驗值的方式帶領著業務人員，卻無法了解很多剛接觸銷售的人，儘管模仿了講話的內容，但卻不懂其中真正的涵義，甚至在語氣上或是認知上就會有感受不同的差異性。

所以許多管理職無法有效的讓業務表現出特長，或是無法有效培養出業務特長，原因很簡單，就是在學習的過程中只有填鴨式教學或是框架式思維。但並非全部的管理職都是這樣帶領業務，也有一些不錯的管理職是喜歡培養業務的思維邏輯觀念，這樣的長官需要很大的包容與智慧來引導不同類型的業務。在業務人員學習如何當好業務的同時，管理職的長官也是在學習如何培育人才，因為筆者本身也當過外商信貸放款的管理職，才能更懂管理職的難處、壓力及思維。畢竟，公司要求最終結果都是看數字，一切都是用數字在說話，卻忘記那些數字都是由眾多的業務員堆疊出來的結果；管理職都會依照概率來分析，卻有時忘記要回歸銷售本身的概念，因而造成很多業務陷在這框架裡面無法做出成績，造成懷疑自身的能力，最終導致對公司開始有無數的抱怨因而選擇離職。

筆者本身的信貸經歷，起初是在外商銀行的電話行銷部門工作 4 年多，當業務職 3 年後轉任管理職職位 1 年左右，最後因為管理模式不合而放棄管理職的工作。回歸到本土銀行信貸業務部門工作至今，用了 1 年的時間從專員晉升到襄理，再以 3 年的時間從襄理晉升到副理，一直到現在。當業務真的收入比管理職還要高，而且有趣很多，只要做好自己的工作就好，不需要因為別人被長官罵。在高雄地區要年收百萬的工作並不多，接觸過電話行銷的人一定會發現這個環境看起來輕鬆、但是實質上是屬於非常高壓的工作環境，要存活下來並不是那麼容易。

01 如何愛上信貸銷售，讓銷售變有趣？

了解工作性質才有辦法泰然的面對跟理解，懂得遊戲規則才有辦法玩得下去，可分為以下為三大類：1. 在電話行銷高壓環境堅持下去；2. 工作場所面臨的問題及心態面；3. 怎樣學習跟轉變。

1. 在電話行銷高壓環境堅持下去

當你嘗試了解電話銷售是一門有趣的課題時，面對電話行銷高壓環境就能堅持下去。

筆者本身一開始對電話銷售工作也是很排斥，尤其是被人掛電話的感覺真的超級不愛，當時想法很簡單—要周休二日的工作，有固定上下班時間跟穩定的工作場所。後來因緣際會，也有可能是上天的安排，走入了電話行銷行業，主要工作性質是提供信貸商品的推廣。但這個學習成長的過程非常的崎嶇跟辛苦，甚至在學習階段中，每天回家睡覺說夢話，還會講工作上的事情。當業績不好壓力來的時候，要踏入辦公室的門，內心都備感壓力。還深深地記得剛接觸不被看好的階段，時常早上出門前會找鏡子對自己信心喊話—我是最棒的，看到學長姐們花費同樣的時間都有賺到業績，為何花費了同樣的時間自己卻賺的比別人少？沒這個道理。一種不服輸的個性促使自己擁有很強烈的學習感，來面對這一份工作，並對自己說：「沒關係，我是新人，我給自己三年的時間。」第一年，因為啥都不懂，用努力學習模仿跟努力的大數法則來填補自己技巧上的不足，不要面子只要技巧的方式，不斷的詢問、找答案、聽音檔。第二年，告訴自己，要把第一年學習的東西內化成為自己的能力表現出來，先統計出自己的專長在哪，畢竟經過一年的環境週期，應該比較容易理解狀況。第三年，了解工作型態也熟悉環境之後，開始在遊戲規則裏面去思考如何完成自己的業績目標跟門檻，成為穩定的業務。

舉例來說，每月 1,000 萬的業績目標，當月若有四週，每週就是要抓 250 萬的撥貸量，一週有五個工作天，每天撥貸量要抓 50 萬，那我們每天要思考如何取得 50 萬的撥貸業績；就算每天都過年，客戶的品質也有好壞差別，好的額度就拿多點，額度小的話就找個兩、三個案件來送。

一份行業可以讓人做到 10 年以上的經驗，要不是有非常的熱愛，不然就是覺得有這份收入可以維持生活的價值。想當初剛接觸這份工作的時候，身邊的人都跟我說：「一個國立餐旅大學畢業的學生，可以找的工作那麼多，什麼工作不好找，偏偏要挑選一個收入不穩定，而且沒事就叫人辦貸款，做這一些沒道德的工作。」筆者告訴自己，每份工作都是有它的價值性存在，而且又不偷不搶不騙人，為什麼不能選擇？現在，筆者還滿感謝自己當初的選擇，更感謝以往幫助過筆者的人。

況且有底薪的業務工作，不會因為你的努力跟表現卡住收入的天花板。重點於筆者也看到過去的學長姐很不錯的收入，遂告訴自己「都是花一樣的時間在工作，為何獲取的收入要比別人少？給自己三年時間去摸索吧！」相信讀者們也是因為不想領死薪水，才會選擇銷售的業務吧！

先學會給自己時間很重要。第一年，先學習了解工作生態環境，不斷的跟身邊收入高的人學習，讓自己跳脫過去的思維模式；第二年，將自己學習到的經驗續累績成果，去反思自己還有哪些可以進步的空間，與其被人要求不如自己要求自己；第三年，如何在這個工作生態環境裡，去穩定自己的業績量跟收入能力。結果筆者做到了在第三年開始，已經有屬於自己一套銷售模式（對於名單客群的分類屬性敏感度提升），後來分享給學弟妹去執行，成效也相對的不錯。

以前有人問過筆者，為何要放棄職業軍人一個月 4 萬多元的穩定收入，這在南部收入算是不錯了吧！但是筆者認真思考過一個問題，「4 萬元塊的收入確實可以滿足當時只有 20 多歲的我的生活，但是回想一下，倘若年紀大了，收入還是維持不變的情況之下，我還有機會完成自己的夢想跟生活嗎？我必須要做一些改變，才有辦法讓自己的未來變得更好，認真核算一下，4 萬元整要不吃不喝 20 年才能賺到 960 萬的收入，要不吃不喝 40 年才會有 1,920 萬存款。在現今房價高漲的年代，要到何年馬月才有擁有自己一套房子？何時才能有穩定的被動收入規劃，過上自己想要的生活？」在這樣的思維邏輯之下，筆者選擇突破自己的安逸圈，改變自己的生活模式。

電話行銷業務性質的工作獎金制度，確實是個可以突破天花板薪水門檻的工作，從時常聽到的保險業、補習班、茶葉、保健食品、東森生活及車貸……等等行業跟生活有關的部分，都與電話行銷銷售性質有關係，且收入高低都決定在己。這些工作都是有底薪加獎金的制度，如果讀者還在思考目前的待遇配不上自己的能力的話，可評估一下自己未來規劃，嘗試看看這份與電話行銷相關行業的工作。

幾年前，有人說：「電話行銷通路是夕陽產業，這個行業有可能被 AI 取代。」還有，「現在網路通路那麼發達的情況下，已經有可能是夕陽行業，不好做了。」這些對電話行銷行業的種種負面消息不斷傳出。這些話筆者已經聽了 5 年多的時間，仔細想想，會被取代的是大數法則的問題，而不是那一份真心想幫客戶規劃的心，大部分客戶還是希望能感受到「服務」這兩個字。原因很簡單，AI 是一個有效率的冰冷機器，而銷售業務的價值，是因為我們能感同身受客戶的經驗，進而找出對客戶有幫助的方法，去建議與找尋適合的商品給客戶，讓客戶接受你的建議而做商品上的消費，只要客戶還願意接你電話的同時，就有機會打動客人的內心，沒錯吧？最怕的就是客戶躲避電話與不接電話。銷售過程中好玩之處是可以快速認識不同環境的人，還能很高頻率的接觸不同客戶的思維跟經驗，這都是很有趣的。畢竟筆者的商品是信貸銷售，絕大部分遇到的客戶不管是否缺錢或用錢，所有的消費者基本上都很難對陌生人開口說「我需要貸款或是我缺錢」，這幾個字。

這個產業筆者確定它不可能消失，原因很簡單，打從開始有貨幣交易買賣時，需求就已經產生。只要有買賣的一天，資本家的生意絕對會一直存在著。信貸本身就是企業家跟資金家的遊戲，只要你想在這社會中生存，就必須了解金錢的運作方式，跳脫一般人對於金錢的概念，只有窮人的思維才會覺得金錢遊戲很骯髒，這是因為「吃不到葡萄覺得葡萄酸」的概念。為何現金很多，有錢人會越有錢？原因在於他們的敏感度跟思維的不同產生的差異性。

2. 工作場所面臨的問題及心態面

在業務層面上：有電話行銷工作經驗的人，會發現這個型態，都有「每個月的業績都是歸零重新開始的，每天被管理職的人追殺業績」的經驗，一定非常難受且內心備感壓力外，同時也會體驗到客戶躲電話跟掛電話，甚至因 WHOS CALL 之故完全不願接聽的超級多。所以，如何讓消費者打開耳朵變成非常的重要，俗話說的好，「見面三分情」，但無見面本無情的掛電話，就變成理所當然的事情了。

但若了解，現在社會裡面很多人都會為拒絕而拒絕，這個行為絕非錯事，懂得拒絕是一件好事情。有時候還是不願意花時間了解的客戶還是很多。筆者在意的，不是那些沒有緣份的人，而是更在意那些願意給彼此一個機會聆聽的客戶，以及筆者能提供怎樣的服務。這份工作，筆者最深刻的體會就是每個階段要思考如何讓客戶打開耳朵來聽你講話，能有一個可以拉近距離的對談。在當客戶接起來電話的黃金30秒，要如何吸引客戶對自己有興趣，這對於銷售工作是非常重要。

本書內容就是要說明，如何有效的分類經營跟如何做好的銷售架構，以及主動引導客戶思考的方式，還要勇敢的假設成交。

在工作層面上：必須每天能承受主管們的逼迫，送件、撥貸的壓力，種種內心壓力的挑戰，每天在日目標、周目標、月目標的逼迫下，要如何生存下來，都是一大挑戰；加上每個月業績都是歸零重來，對於選擇電話行銷的所有業務員來說，都會遇到的相同問題—「明天的業績怎樣來、怎樣達成主管給我們的目標」。有時候心裡還會很不切實際的回答主管想要的數字，明明手上沒有那些客戶，硬要講出他們心中想要的數字來滿足管理職的期待，這時候學會分類經營名單客群就變得格外重要了。這就是在考驗業務對己資源的掌握度問題。

再來很神奇之處，每個管理職同時就只會一種技能，就是盤點數字跟指標，只有少部分的管理職會懂得引導業務成長，如果有緣遇到，這時候一定要感謝你的主管。畢竟身為業務銷售的我們，對於管理職在業務銷售上能給予多大的幫助實不該有過多的期待，只能不斷的自己去發掘方式。通常當業績不好的時候，大部分管理職只有一個手段，叫人多聽聽音檔學學別人的話術，卻無法給予更好的協助，或要求你不斷的寫逐字稿，或是聽完音檔的心得報告，再來就是要求花時間在學長姐的話術演練。真不知是以何種方式培育著我們？

以從事電話行銷工作 12 年的經驗來說，已很習慣這樣的管理方式，這樣的管理方式不管是在哪種業務職場都是常態，無須感到意外。當你選擇業務工作之時，就不應該過分期待公司或是管理職會給予你多少的銷售方法，還有，不要過分期待身邊的學長姐能毫無保留的讓你學習到技巧。其實原因很簡單，當你學會了，除了會搶走學長姐的風采外，同時也有可能搶手公司提供的資源或是客戶。如果真的有遇到真心為你好、也願意花時間協助你的學長姐，幫你啟發能力，筆者覺得我們要感謝那位學長姐，他（她）真的是你生命中的貴人，千萬不要哪天不小心贏過他（她）時就忘記感恩，要記得當業績好的時候要低調，樹大招風容易斷。

3. 怎樣學習跟轉變

在學習過程中，建議先丟掉原本的思維方式，把自己當成海綿。當請教能力好的學長姐時，用筆記記下對方的優點、且每天睡覺前花點時間思考今天到底做了哪一些事情，還有哪些事情自己可以修正跟調整的。接下來用 90 天去養成一個良好的習慣，建議利用空閒的時間，在月初時幫自己設定 10 個本月要完成的小目標。筆者每年年初都會幫自己規畫每年要達成的目標，再劃分每個月想要完成的事情，依此執行。相信當你忙碌完後，回頭看當初自己設定的目標，如果達成的話，自己在心態上跟精神層面上一定會有不一樣的收穫。讓自己變成有目標、有執行力的人很重要喔！

02 銷售的架構黃金五角：邏輯思維的引導

銷售的主要目的，主要在協助客戶解決問題，要讓他的「想要變需要，需要變行動」。在這個過程中衍生出來的概念及架構，可在銷售過程中了解客戶在意的點並提供相對的建議與解決方案。這樣一來，如果對客戶而言是個好建議，願意聽的客戶算賺到，而不願意思考的客戶對我們來說，也不會有任何損失的感覺。最重要的是，不帶給客人有強迫推銷商品的感受。

送給讀者的一句話：
所有的銷售都是重服務開始。

銷售的主要目的，主要在協助客戶解決問題，要讓他的「想要變需要，需要變行動」。在這個過程中衍生出來的概念及架構，可在銷售過程中了解客戶在意的點並提供相對的建議與解決方案。這樣一來，如果對客戶而言是個好建議，願意聽的客戶算賺到，而不願意思考的客戶對我們來說，也不會有任何損失的感覺。最重要的是，不帶給客人有強迫推銷商品的感受。

自我介紹→搜身→比較試算→舉例說故事→假設成交。

這銷售架構裡面，每個銷售過程都逃不過這五個邏輯，最簡單的是黃金三角，自我介紹→（搜身）、（比較試算）、（舉例說故事）→假設成交。如果閱讀到這本書的讀者也從事相關電銷行業，一定聽過公司要求要聽取無限多的音檔，但聽到最後只想說都是模仿 TOP 講出來的某句話而已，或是所謂的銜接詞之類。其中涵蓋的意義只有當事人才知道的銷售邏輯，相信很多跟筆者一樣地材、要靠後天努力的人，無法了解其中的涵義。現在筆者就來跟大家解釋所有成交案件的銷售流程的其中涵義，了解涵義就有辦法串用上自己過去的經驗跟思考邏輯，創造出自己獨特得銷售魅力。（筆者敢言，這個銷售流程試用於所有的銷售商品跟業務身上。）

1. 自我介紹

包含五大要素：

(1) **介紹自己**：讓客戶對你個人印象深刻很重要。要想一個有趣的方式，讓客戶容易記得你的名字，當有需求的時候可以想起你。

(2) **介紹公司**：一個品牌的後盾會影響消費者的信任度，還有是否願意接受服務的感受度。

(3) **表明來意**：說明為何今天會跟消費者聯絡的原因。當客戶知道來意立即掛電話時，我們可以感謝那個客戶不是我們的主要服務客戶，替我們省下不必要浪費的時間。反之，如果知道來意還沒掛電話，這樣的客戶就是願意給彼此一個服務的機會，接下來，就是看如何讓客戶思考產品的部分了。

(4) **誘因是什麼**：能提供哪些不一樣的優惠跟服務。筆者時常在思考，「我怎樣做出自己在銷售上跟其他業務不同的口碑及服務？」「我對客戶能帶來何種幫助？」「在眾多通路及業務的競爭之下，如何表現出個人魅力所在？」

(5) **做到熱場**：在這麼多銷售業務員中，如何表現出你跟別人不同之處？千萬不要照本宣科依樣畫葫蘆的唸話術稿，那根本沒有任何溫度跟表情可言。當你使用一成不變的銷售技巧的同時，客戶也會感受到你完全不用心，這樣要吸引客戶打開耳朵聆聽是一件很難的事情。

過去筆者閱讀過一些銷售行銷書籍，發現出一個有趣的結論，就是每個 TOP 業務都很會行銷自己，會用最簡單的方式讓客戶記得他是做啥的，有需要的話找他。其實看到這邊，讀者們一定有些疑惑或是自我懷疑，怎樣才能做好行銷自己？疑惑是正常的。對這件事情的突破跟了解，筆者也花費了很多經驗累積，因為在生活中，筆者是屬於不多話、且希望可以低調生活的人，也希望在工作上找到一個突破盲點的出口。舉例來說，當你在追求一位異性的時候，你會最想表達什麼？自己的專長、還有喜好…等等，看能否引發對方的共鳴吧！

接下來，如果相處後對方不排斥，要做的就是換你表達自己能給對方怎樣的未來、安全感，還有信任感。行銷自己的過程中，自我介紹的精髓在於「懂得被利用的價值」，你能帶客戶怎樣的價值感很重要。

有時候，筆者常自問，「銀行這麼多間，客戶為何一定要找我這間？」另外一個問題就是，「銀行放款部門那麼多、業務那麼多，為何客戶會要找我申請，而不是別人？」在成長的過程，可以透過每個成交案件詢問客戶這樣的問題，久而久之，就會得到客戶對你的認可及答案了。

目前在職場上的讀者，筆者真心建議可以問問自己成交的客戶為何挑選你？多問幾個客戶，就會幫你找到你要的答案，而且客戶回饋答案會截然不同，但是到最後終究不會跳脫「信任感」著三個字。

2. 搜身

包含四大要素：

(1) **判斷是否排斥商品的部分**：推廣適合客戶的方案，開始判斷客戶的意願度，並做高、中、低分類。

(2) **了解客戶的自身條件**：是否有資格成為準客戶？有條件可以申請？同時判斷客戶的條件在哪邊？可以適時的給予參考條件。

(3) **記錄跟客戶談話過程中的重點**：例如：客戶的條件、客戶在乎的點、客戶工作內容、用錢方式、方便連絡的時間…等等。

(4) **是否有後續追蹤的機會**：顧名思義，就是了解客戶的背景、目的與相關有用的資訊。搜身的主要思考點在何者才稱為「有用的訊息」呢？例如：客戶工作背景、收入情況、生活花費習慣、理財觀念…等等的相關性社會價值感跟家庭背景，藉由對客戶的了解，進而思考出適合的商品模式推薦給客戶。

總結：思考較快速的讀者，閱讀到這裡，就會產生一個疑問：就是客戶憑什麼要跟你陳述那麼多的私人訊息？第一次接觸的客戶對你的防備心是非常重的，絕大部分也都不喜歡被行銷的感覺，為了拒絕而拒絕是人之常情。筆者自己也不會責難這些客戶，因為這都是正常操作。你想想，當你突然跟初次見面的心儀異性告白時，對方會害怕是正常的吧！所以接下來該如何降低客戶的心防，聰明的讀者就會想到，在第一次接觸時的自我介紹，該如何讓客戶提升對你的信任感就變的相對重要了，這時候，就是考驗業務的個人銷售魅力所在了。所以銷售架構不能亂，它是非常重要的思維邏輯引導。

送給讀者的一句話：
每個成交的案件，都是從客戶有思考開始。

3. 比較試算

包含兩大用義：

(1) **讓客戶了解價格並試探客戶反應，確認是否有能力或是意願花費**：這時候就進入報價的階段，考驗業務的專業程度了。怎樣的客人會有怎樣的價格。業務一定對自己的工作要很熟悉，因為在報價條件會影響客戶的觀感，舉例來說：你要一個月收入只有 3 萬元的人去申請 50 萬的額度，一口氣月繳 8,000-9,000 元時，是否會造成客戶產生心理壓力，這也是要顧慮到的。畢竟現在家庭的基本開銷原本就很大，客戶是否願意多花錢做規劃，就變成一個報價的課題。或者你跟一個收入 2、3 百萬的人說他只有 50 萬可以申請，客人會認為你有可能看不起他，他也不見得會願意再聽下去。所以要懂得如何報價才有辦法做價值上的比較。

(2) **讓客戶知道產品的價格在哪裡附近與好壞差別在哪裡**：消費者其實對於任何商品都會有內心既定的價值感，就如同很多人情願花費上千元或上萬元買一張演唱會的票去看歌手表演，並不覺得只有短短幾個小時錢就不見，但卻不願意每個月花幾百貨幾千塊去消費自己的金融條件。在這個情況下，我們可以拿一些生活當中會遇到的事情做比較，讓客戶了解到價值感的轉換，感覺到划算。

舉例1、針對刷卡有繳最低的習慣客戶可以說：

您知道信用卡的帳單計息方式嗎？您可以回家看看每一期繳費單上有自己的利率條件，那個條件會依照繳費的習慣有變化，您知道嗎？假設每 10 萬刷卡消費利率 15%，那您一年所產生的利息費用就是 1 萬 5 千元，每個月光利息就有 1,250 元，所以您不覺得有何關係。重要的是，您在月繳金額不小心沒有付清帳單，只有繳最低應繳金額，那有可能未來的所有新增消費帳款都被偷偷的滾入循環。所以，客戶如果沒特別注意的話，會發現自己每個月都繳一樣的金額，但怎麼信用卡費都有一直繳不完的感覺。通常這些大部分都會發生客戶本身的消費習慣上，這樣的客戶也較無法接受業務員的建議，會有討厭被強迫推銷的感覺，連業務員提出的好的建議也不見得會願意花時間了解。這些人基本上都是現在新聞裡常聽到的一個名詞—「窮忙族」，忙於工作，忙於生活，但很少會停駐腳步整理自己的帳務問題。這時候讓筆者想到這份工作還是存在著社會價值感，就是開導消費者資金使用的行為，只要我們多些耐心給他們多幾次的機會，請消費者耐心的記錄下來做比較，還是有幫助的。

舉例2、原本就有貸款在繳費的客戶：

比較直接的說法，可以用月付金額差別降低基本開銷、提高生活水平的方式，或者早期客戶都是東一家西一家的去申請貸款，銷售員可以一次幫客戶整理成簡化繳費日期差別、方便管理帳務問題，加上還有因為升息關係造成成本提升，來看看是否有成本上的差異，讓客戶減少不必要的開銷及月付金壓力的可能性。

以上是既有貸款在繳款的比較。

舉例3、客戶突然有一筆資金需要使用的情況下：

在提供的條件下可以讓客戶一次調度到他需要的金額，不用到處跑，省下客戶在比較商品或是準備資料時間成本上的瑣碎的事情，也是一種商品的優勢。

舉例4、本身有做財務規劃的人：

其實在搜身的時候，就能大概了解客戶的條件以及可以給予的利息成本。有些條件比較好的人，報價相對的可以拿

送給讀者的一句話：

千萬別以爲客户都是笨蛋。

比較低。筆者建議對於這樣有概念的客戶不妨直接給予大概的額度、期數、月付金跟總利息，讓客戶自行衡量值不值得規劃跟運用。「客戶都是笨蛋」，這樣的觀念必須要改變。筆者曾遇過超級厲害的客戶，申請30幾萬的額度，利率10%以上的利息，設定兩年約負擔5-7萬元的利息。在筆者說明清楚明白的情況下，客人回應月付金根本不是問題，利息負擔下來也超級便宜，還有兩、三倍的利潤可以回收。不是每個會財務規劃的人，都是需要利息很低的才能使用。

總結：比較試算的用意真的很大，各位讀者看到這裡，有思考過一個問題嗎？一台S600的車價就要快1,200萬元，一樣都是車子，一個鐵椿外殼+電子儀器+四個輪子，消費者開在路上的百萬名車比比皆是，一台S600可以換8-9台百萬名車，一星期都可以每天換車，有些人卻情願花高價買一台車就好。有人一定會說：「我消費得起啊！我覺得我就是想買那麼好的車來凸顯我的身分價值！」或者，更專業的就會比較車子性能、功能性，還有舒適性的差別。

送給讀者的一句話：
時間的機會成本，機會是留給有準備好的人。

信貸放款也是一樣，只是我們該如何彰顯出不同的價值感給客戶，在比較試算裡面，價值感就已經開始需要建立了。舉例來說：客人可使用的額度等同於車價，「我在某某銀行可申請到多少額度，但是別人卻不能做到」。還款方式等於車子的性能感，是否可以給客戶事半功倍的價值感讓其夠彈性運用？舒適度等於業務人員提供的服務，能讓客戶感受到自在跟信任感就變得相對重要，不是嗎？

4. 舉例說故事

根據美國拍賣網的統計數字報導，在拍賣會上跟主持人互動頻率較高的客戶往往比較容易拍賣出更高的價格，除了現場的氛圍會影響消費者的消費意願外，以下原因也會帶動現場氣氛讓消費者願意更高的價格購買：1. 商品的稀有性；2. 商品本身的故事價值；3. 歷史背景；4. 還有主持的口條…等。主持人能否將商品介紹深入消費者的心坎裡，就是一種學問跟判斷經驗能力的累積。

送給讀者的一句話：
每個消費者都喜歡聽故事。

有很多業務在剛接觸銷售這一領域時，都覺得只是單純介紹商品有何可以舉例或是說故事的。其實舉例說故事並沒有想像中的艱難，大家平常聽到的案例跟公司品牌，也會給商品定義一個故事，每個畫家的作品也會有一個故事。故事越生動越接地氣客戶的生活周邊會發生的事情，會讓客戶越有共鳴，所以畫展的每一幅畫它的代表價值就是由故事所啟發。換言之，如果我們可以舉例生活周邊發生的案例或是收集社會新聞中的故事，甚至連自己服務過的客戶都是可以舉例，當所表述的故事越貼近消費者的話，客戶產生共鳴的機率越大，願意思考條件的機會就越多。

信貸銷售可以產生六大類型的故事：

(1) **同儕效應**：顧名思義，就是舉例某某相關行業的某職位也會申請信用貸款。其實高階收入族群貸款不是因為資金有缺口才申請，而是目前給的活動回饋真的相對便宜，大家都是以此幫自己做一些財務或是被動資金的規畫做使用。這時候你可以提問客戶，「你想想喔，如果你要存一百萬現金在手邊，需要多久的時間才能做規劃？我們不需要輸在人後，剛好利用現在活動條件不錯先申辦下來，再來思考後續的規劃。」

(2) **消費恐慌**：最近在政府升息的條件下，大家以往的貸款成本相對地都被無形的往上提升，那是否我們可以重新檢視自己的資金運用情況，即時做一些調整？

(3) **家庭規劃**：現在很多年輕人跟中年人已經很懂得運用銀行的資金做一些被動收入的規劃。在幫自己累積財富的部分，分為兩大類：第一類有在管理財務的人：包括在股票、基金、保險、創業等可以創造收入的斜槓；或是第二類消費性支出的人：如購屋、購車、結婚、車禍理賠金等花費開銷的規劃。

(4) **未來需求**：這個是保險業最常用的一項技能—規劃一個藍圖準備未來做使用。在資金運用上最常遇到的例子就是緊急預備金跟生活週轉金使用，用少少的月付金來累積，貸款申請下來先累積資產做使用，幫自己在銀行端開一個往來紀錄方便以後做申請。

(5) **消費價值**：這個是算是少部分的族群。這個客群平常就有在關注一些金融商品的資訊，或是一些金融商品的規劃，經過比較後認為成本便宜可以接受但又沒有迫切需求的客戶，也是會有先申請下來的契機。

(6) **限時限量**：其實有時候消費者的心理很特別，快要失去了才懂得珍惜。舉例來說，百貨公司的周年慶促銷商品就常用運用此消費心態，一開始先把價格定價定高，再透過某段時間的促銷活動，如母親節、端午節、兒童節、中秋節等等之類的時效性回饋活動才有優惠可以取得。這個方式是用來強化客戶的消費意願度。

5. 假設成交

假設成交分為兩部分：(1) 假設心態上假設成交也是需要勇氣跟訓練的；(2) 實務上如何拿捏假設成交的時間點。

(1) **假設心態上假設成交也是需要勇氣跟訓練的**：不要因客戶一、兩次的拒絕，就放棄向客戶說明的機會跟想表達的內容。在接觸電話行銷工作初期，通常都會因擔心客戶有反感或未滿足客戶要求，反而在自己還沒努力之前就已經退縮了。所以假設成交需要一定的勇氣，不要害怕客戶拒絕。其實我們有一個最低限度判斷客戶態度的方式，就是如果客戶真的不願意接受或是去了解內容時，他們自己就會直接掛電話了，不是嗎？當客戶拒絕的時候，不妨想想如何利用轉換話題的方式，給彼此一個再努力的機會呢？甚至我們也可以直接詢問客戶拒絕的理由，雖然絕大部分的人都會說：「我不需要」，在「我不需要」的背後真正的涵義是什麼，才是我們該探討的問題。客戶真的了解商品後才覺得不需要，還是還沒了解思考完就直接為拒絕而拒絕呢？這兩個一樣是不需要，但是涵義卻大大的不同。不要因為害怕被掛電話或是拒絕，就不願意開口多說兩句話，讓客戶錯失自己的權益。

送給讀者的一句話：
每個成交都是從被拒絕開始。

(2) **實務上如何拿捏假設成交的時間點**：每個段點優勢之後，客戶如果沒有太大的拒絕反應，不需要等客戶說 YES 才能進入成交申請流程，要勇敢的幫客戶決定方案跟商品。當你直接進入申請流程的時候，客戶真的不會在那一刻才會出現內心裡面的反對問題。要提高成交率的機率，就必須先建立學會聆聽、建議、處理問題的能力，還有安撫客戶不安的心情，因為絕大多數客戶都會因不了解而有所擔心害怕的心理。

送給讀者的一句話：

學會適時的停頓並且聆聽客户的聲音，也是一種尊重；一個優勢一個假設成交。

»

03 會辦貸款在乎的五件事：探討架構的方式

1. 額度

額度為什麼很重要？

舉例來說：假設我們想要創業，如果創業資本額、器具或是加盟金總花費預計需要 200 萬，可是，能動用的額度只有 30 萬，您覺得客戶還會有多餘的動力去做這件事情嗎？這絕對是不可能發生的。又比如客戶想買車，車價在 100 萬的時候，信貸能拿到資金只有 20 萬，客戶會用信貸的方式去貸款來買車，還是直接以車貸方式買車比較簡單方便呢？

送給讀者的一句話：
所有的銷售都是重服務開始。

2. 月付金

這項也相對重要。一個人貸款的能力是由銀行端評估條件沒錯，但是一般正常人都不希望因為貸款而打壞自己的信用，所以客戶本身也會評估月繳款的能力，會在不影響生活的範圍內去做一些夢想的規劃，這是最基本的概念。而業務要做的事，就是評估找出最適合客戶月付金壓力的情況。舉例來說：客戶想創業貸款 100 萬，但是他每個月的收入開銷加總起來只能負擔 2 萬元，建議客戶規劃兩年期根本不可能，因為兩年期貸款一個月最少要繳 4 萬元以上的月付金。雖然期數短，但是客戶如果繳不起，這樣的方法也不適用在客戶身上。

3. 用多久

「用多久」，指的是期數長短，是否還款有受到限制。現在銀行的綁約期都沒有統一，1 至 3 年的都有。「用多久」也會造成客戶端使用的資金成本不同，還有繳費的多寡，在這個時候，就必須要介紹商品的優勢如可以用多久繳多久，只要過綁約期就不會有毀約金這件事情，教會客戶了解商品的遊戲規則，比直接銷售更有價值。

4. 總利息

總利息會因為申辦的金額大小、使用多久（期數長短），以及月付金多寡，有很大的關連性。過去跟現在客戶大多數仍然未能接受貸款主要原因，是對商品不熟悉，另一個原因是仍停留在過去的思維，認為信貸很貴，不想負擔那些額外的龐大利息費用。所以，在這部分的解釋須讓客戶充分了解，並且放心地去計算成本是否可以運用。說到這裡，如果曾經做過相關業務或是辦過貸款的人都知道，有一很奇特之處，就是多數消費者都情願去中古車貸或是保單貸款、股票質借等等，上述的利息都有可能比信貸更高，但有些人卻不願意花點時間了解自己的信貸條件為何。身為業務的我們，必須做到的就是讓客戶了解這些差異，也能幫助到客戶節省部分利息，這也是好事一件。

5. 怎麼辦

現在坊間的銀行貸款基本上每家都有，申辦的方式越來越發簡單，而客戶在意的點是方便性跟時效性。舉例來說：現今在台灣職場工作的上班族，請假本就不是很容易的事情，加上有些請假還要扣薪水，所以很多客戶都以為銀行申請信大跟房貸、車貸一樣，要到分行對保才能撥款，如何告知客戶取得資金的方便性跟保密性就非常之重要。畢竟有些客戶貸款是想私人運用，不想讓公司的人知道自己有資金需求或是缺口的情況。業務要如何做到讓客戶放心交給我們處理，就變得十分重要。

結　論

以上的五點都是業務端需要思考到的事情，同時也是在銷售過程一定需要說明之重點。對每位業務來說，了解客戶在意的點，仔細聆聽客戶想表達的意思，是十分重要之事。業務不能只是單方便的銷售，要有把自己當作是客戶的消費金融另類財富管理人的心態。我們不單單只是銷售貸款，而是要能幫助需要用到資金的人，以及讓條件好的客戶創造更多的財富，才是我們要做的課題。上述五個不同的重點可以有不同的包裝故事，這些故事跟舉例不單只有數字呈現，業務同時也要具備同樣的感受。

04 會辦貸款的四種人：有效的分別架構

透由溝通跟搜身了解客戶提供不一樣的商品架構類型很重要，不要只是為了銷售而銷售。

如何分辨消費者的類型有四項：1 缺錢的人；2. 用得到錢的人；3. 懂得用錢的人；4. 有錢有愛心的人。其實不同行業別的客戶也可以用上述分類去做銷售的概念。如此不只會讓銷售更有趣，消費者也會因為你的建議感到用心，最重要的是當你判斷錯類型的話，也可獲知客戶是否有意願繼續跟你深聊。

1. 缺錢的人

可以分為以下類型：

(1) **長期使用信用卡刷卡分期的人**：這些人往往在不知不覺中走入金融的消費陷阱，原因很簡單，越便利越貴的道理他們無法理解。有時候客戶認為本身每個月都有收入的話，分期付款 0 利率，這樣不用額外負擔，壓力也比較輕，但他們卻不知道，這樣的循環消費習慣很容易在無意間把信用卡的額度越刷越多，突然有一天多了一筆規劃外的消費，只能繳最低應繳金額，導致自己的信用分數有可能因此慢慢下滑。當哪天驚覺時，才抱怨說怎麼口袋賺的錢開始不夠。這樣的人都礙於面子問題，也不會承認自己在資金上需要銀行的協助。

(2) **入不敷出的人**：家庭生活開銷的轉變，有可能造成原本可以支撐生活的收入，變成開始有了緊縮的情況，例如固定薪資的人突然家庭多了成員，或是因疫情關係部分行業的收入急劇下滑，或是科技業跟傳統產業的技術員可能因加班間少或是減班，造成突發收入短缺的問題。有以上情形發生的客戶代表很少有緊急預備金的概念，這時候就是要強調一個月繳多少可以多一筆額度在身上，要用隨時都可以運用。以繳保險來說，我們可以每年或每個月花一筆錢去買一份用不到的保障，也可以選擇每個月負擔一點點的月付金幫自己的信用與資金做個保障。

(3) **原本收入不高且有使用貸款的人**：有些固定薪資階級的客戶、或收入比較穩定的客戶、或是有些為了創造被動收入去申請貸款、或是家裡出現狀況需要資金者，或是以往有申請過不排斥貸款的客戶群，我們能否提供客戶更好的商品條件或是降低客戶的繳款壓力，變得格外重要。業務不只單單介紹商品而已，更能夠幫客戶整合帳務上的問題，是不是很棒的工作！

2. 用得到錢的人

突發性一次性的消費行為類型，如家裡裝修、車禍理賠、家人住院生病的醫藥費，或是想創業等等。這樣的客戶往往在銷售的過程中，最常聽到他們常講一句－等我用到的時候再打給你。筆者很害怕這樣的客戶，因為這類不小心落入缺錢的客戶，常在把自己的信用變差或是繳息狀況很差的時候回來，銀行也不太願意貸款給他們或是利率條件變差，這類客戶回來的時候才在抱怨說怎麼利率那麼高。好的條件是給懂得把握時機的客戶，而不是給一點危機感都沒有的客戶。

3. 懂得用錢的人

顧名思義就是，客戶平時就有在做一些財務上的規劃，例如股票、基金、定存及外幣等等操作性商品。主要客群都落在會賺錢及愛賺錢的客戶，通常都會出現在高收入族群或是金融相關行業的人，大家追求的都是被動收入跟額外收入。這時我們可以提供哪種類型的商品以便有效的引起客戶興趣，很就變得很重要了。

4. 有錢有愛心的人

這類客群是因跟你聊得來、接受你的專業及服務而買單的客戶，雖然出現的機率很低，但還是有的。台灣是一個很有愛心的國家，有些本身已經資產很豐富、規劃也很完善的客人，只是因為覺得跟你聊得來，認同您的服務，加上也消費得起，在沒有太大的損失的情況下，給你做業績的機會。也有一些貸款辦下來之後放著完全用不到，戶頭裡面的資產大於貸款的金額很多，但是覺得成本是可以消化的也不會影響生活的客人。這些基本上都出現在已經有高度收入生活不缺的客戶身上，且比懂得用錢的人更捨得花錢的人。

結　論

大部分消費族群的思維中會辦貸款的人，有 90% 的機率都可以涵蓋在上述四種。其實銷售沒有絕對的話術，千萬別再被管理者的思維去話術客戶。別把客戶當笨蛋，如果你用心幫客戶規劃好商品信貸，絕對不會只有一次消費的事情。如果想要長久持續這份工作，請用心聽每個客戶的訴求，去規劃出適合客戶的邏輯及商品。其實商品本身是沒有變化性存在，但會因為業務的思維，讓不會變化的商品產生有變化的目的性跟需求性存在。這就是做銷售好玩的地方。商品只有一種，不過會因為銷售的思維不同變成很多變的模式。上述四種銷售族群提所提供的商品架購模式跟銷售方式亦有所不同，用錯了，客戶不會給您第二次的銷售的機會，所以在銷售的過程之中就必須先了解客戶屬於哪類屬性。

05 電話行銷三階段：有比較才有傷害

電話行銷三步驟：

1. 開發；2. 跟催（續訪）；3. 成交。

1. 開發

在第一次接觸客戶時，主要目的在於讓客戶知道這段時間我們可以提供哪些服務，需要服務時可以主動聯繫，或是與我們另外約時間。筆者在銷售過程中，有養成一個可以加強判斷客戶意願度跟印象的最簡單方式，不是單純收集客戶資料或是留存電話，而是要懂得請客戶拿紙筆記錄下來。在讀書階段，大家一定都聽過老師常說：「自己寫過一次印象會比較深刻吧！」所以請客戶直接存入資料，不如請客戶主動拿紙筆記下連絡方式跟名字，更容易判別客戶意願。這時候一定有很多人會猜想客戶都會騙人，這時你可以依照客戶回應的速度來判斷客戶是否真的記錄下來，甚至請客戶再復誦一次也可以。有機會的話，可以讓客戶記下想要推薦的商品內容，並且在結束通話的最後一段，再重複提醒客戶一定要思考，加深客戶的印象。另外，溝通過程中，你覺得很重要的事情要不斷的重複三次以上，並適時的呼叫客戶名字，確保客戶有在聽，不要自顧自地在那演講、唱獨角戲。

2. 跟催（續訪）

第二次聯絡客戶的時候，可以先確認客戶是否記得上次聊過的內容或是對你有無印象，畢竟，客戶本身不是單只忙碌或是掛意這件事情，我們是客戶日常生活中的小插曲。如果客戶對你上次的內容還有印象的話，恭喜，你沒有白打電話，客戶還願意接電話，表示客戶不排斥、也有可能願意思考這個專案。藉由第二次的聯絡，除接續第一通電話收集到的資訊來提醒客戶並加深印象外，還可以讓客戶感受到你對他的問題跟講過的話非常重視，拉近彼此的信任度跟感受，這個相當的重要，銷售的過程中不要忘記試探看看客戶的問題跟意願度如何，並且幫客戶排除問題假設性成交。

3. 成交

想要成交必須注意三件事情：

(1) **有沒有解決客戶的問題跟心中的疑問**：之前有提到過，當你還沒完全排除客戶的問題之前，是無法成交任何一個客戶

送給讀者的一句話：
業務創造價值，那價格由公司決定。

的。只要客戶一有問題或是疑問時，您無法協助處理，到最後的結論就是躲電話，有可能是一時的銷售氛圍讓他當下同意，事後冷靜下來或是被身邊的人洗腦後，這個案件就會再度消失。

(2) **有沒有取得客戶的信任感**：現在的詐騙那麼多，防人之心不可無，儘管身處大品牌、具有形象的公司，客戶還是會因為不熟悉的人或是不熟悉的電話產生抗拒的心態，這是人之常情。在自我介紹的步驟裡，如何讓取得客戶的信任度，就是每個業務必須學習的技巧。

(3) **在報價的過程有沒有出現價值上的落差**：不管是購買何種商品，客戶心中都一定有一個價值感。在成交的過程中，就跟股票一樣，都需要磨合。依照每家公司給客戶的條件區間都會有所不同，業務要做到的工作就是在這條件區間中如何取得公司、客戶、自身利益這三個平衡來成交這個案件。有些業務會覺得這部分很有趣，有些業務卻很不願意在這方面多下點功夫去討論跟爭取。沒有絕對的對與錯，一個好的業務人員是幫公司創造收益，一個受客戶信賴的銷售人員，是會幫客戶爭取利益，看你要用怎樣的思維架構去面對這一份業績。

Notes

»

06 銷售定價溝通：貼近客戶服務的生活引發

在銷售的過程中公司會制定出價格，在可掌控的價格成本範圍內，讓客戶、公司、業務三贏的局面很重要。

在信貸的銷售過程中還沒有明確出現結果之前，可以嘗試再跟客戶溝通，充分了解客戶條件後，先探詢能接受的範圍與需求度，等審核出來的定價，就是公司願意提供給客戶端的價格。在溝通的過程中，銷售價格就變得格外重要。當一個業務不懂得公司提供的價格與可議價空間還有多少，就無法讓讓消費者安心的接受跟去比較。

在銷售的過程中有一個最有效的名詞－「定錨效應」。第一印象就如同海上的船想要在一處定點停留，就必須拋下船上的錨。您可以在銷售的過程中，先說出一個利率或是月付金，試探性的探查客戶的反應能否接受，或者更直接的詢問客戶能接受或是聽過的價格是多少，或是期望能拿多少的價格，來判斷自己是否有能力滿足或是解決客戶端的問題及疑問。如此運作方式，成交率相對的會高些，同時客戶對商品的期待值也不會有太大的落差感，避免因審核出來條件有很大的落差感導致反彈效果。

定錨方式溝通可以歸類成以下三種：

1. 用商品定價直接報價

例如：客戶可能依據經驗判斷會落在 8% 左右的價格，業務就需明確跟客戶說：「假設有審核出來的話，你的成本大致上會落在 8% 左右，每 10 萬元一個月大約繳多少，如果你的月付金沒有壓力情況下，我可以幫你申請大概多少額度做為使用。」

2. 舉例過去相同條件下大概是多少成本

例如以：「XX 公司的 XX 職位年收入大概多少，跟你的條件差不多，在此情況下公司大概會給多少月付金。」來試探客戶能不能接受跟思考，這時候客戶如果能願意思考的話就已經成功 30% 了，後續就等客戶再丟問題出來幫他處理並解決疑問。

3. 直接探詢客戶聽到的市場價值落點

現今經營放款信貸的銀行眾多，且網路社群、朋友、同事、家人多少都分享申請過貸款的案例，客戶們也早有耳聞，心中會有一個期待值跟價值感區間。採用直接詢問的方式，必須要有很強的成交力道，當客戶提出能接受的範圍時，業務在能做得到的情況下，也同步要求客戶到時一定要接受。

不要把自己變成是菜市場的阿姨們，在那邊喊價格。我們是業務，理所當然要以幫解決問題為優先沒錯，但是也不能沒有底線讓客戶殺價。

議價本身就是買賣價格上的溝通，也是一種心態上的戰爭，筆者常常覺得無論是在哪種行業，誰心急誰就是輸家。例如：當業務為了業績，必須採取削價競爭的策略，這是一個很常見的手法、也是最直接有效的方式，因為客戶並沒有迫切需要商品的需求。要讓客戶感覺到有誘因，就必須採取削價競爭的策略，這似乎變成是常態。換個角度思考，如果客戶急著想要拿到商品的話，誰最快能滿足客戶的需求，這個業績就有可能屬於效率快的那個人獲取。但若還是處於雙方期間的磨合期，就必須讓客戶先了解商品內容及價格，讓客戶有足夠的時間去思考能否接受、甚至如何使用資金的情形。

如果真的無法確認客戶條件，還有一個建議方式，這時可以回答說：「我覺得報高了你會感受不好，報低了我又做不到，那請你說說你的期望是多少才能接受，我回頭幫你問問公司，看有無辦法幫你爭取看看。」這樣的說法可以保留一個對客戶的說話權，至於中間如何詳細的操作，就看各位業務公司的作業流程。有時候不是業務部做不到業績，而是公司給的商品不符合某些客戶的期待，我們也只能再找下一個客戶比較快。

Notes

»

07 20個反對問題的回應方式：每個成交都是從有想法開始

這個單元內容在於在與客戶心理中的顧慮跟思維上的觀念如何做溝通。當客戶能接受你的建議跟想法的時候，就能讓客戶對你產生信任感，進而去思考有無必要做這樣的決定跟行動。其實，每個成交的過程都是從信任感開始，如果客戶對你沒有信任感，商品再好，價格再低，客戶願意花錢買單的機會也很小。

第一類 ： 沒有意願度與沒有實質的需求點

1. 不需要

你有沒有想過如果月付金沒有壓力的話，會考慮幫自己戶頭裡創造一些資產嗎？舉例來說：我們不是都會買保險嗎？請問一下你年繳保費是多少？那你知道為何保險公司會有醫療險跟意外險嗎？如果兩個都有買，其實是在浪費錢，你知道嗎？畢竟，你生病住院只有醫療險有理賠，意外險的部分就是白白浪費錢，不是嗎？我們也是為了擔心以後資金發生不時之需時才買保險的，不是嗎？信貸概念也同保險差不多，只要繳得起一個月 1,000 多元，不到 2,000 元，就可以幫我們可愛的戶頭維持六位數字的安全生活保障。重點是如果申請下來也不用看保險公司的臉色來決定是否要理賠與理賠多少，這筆資金入帳後你完全可以自行運用。如果沒有用到的話，綁約只有一年，一年後就可部分還款跟結清，未到期的利息也不收，你想想看多 OK ！那請問一下，你的戶頭每個月都有維持六位數字以上嗎？如果沒有，是不是該幫自己想想生活上的保障？而不是只一直繳醫療保障。如果沒問題，我簡單幫你核對基本資料並發簡訊給你，我們就可以審核條件，到時再來決定都來得及。

2. 暫時沒有需求

我清楚，我了解。當你真的有缺資金時，你會想跟銀行開口，但你覺得銀行一定都會核准嗎？我常常遇到一些客戶真的都等到有缺口或火燒屁股的時後，才知道資金的重要性。有缺口的當下，往往都是近期有大幅消費影響到信用分數，或是已經因卡費而沒有足夠的額度去使用，才找銀行幫忙，到時不是風險太高無法核准，要不幸運核准但綜合評分不足造成利息比較高，屆時才抱怨說銀行給的利息相對貴，都沒想思考到有活動時可以先往來，幫自己留筆資金當周轉金。如果可以的話，你可以先思考自己一個月可以負擔多少，才不會有壓力的來做這件事情，我來幫你算算看可以幫你的帳戶增加多少資金流量，讓戶頭變得更漂亮。曾經有客人很好玩的跟我說：「一個月只要繳不到 2 萬元，就可以變成百萬資產的客戶，這樣也挺划算的耶！」我說：「對啊！」你想想，我們努力工作六、七年的時間，你讓帳戶出現七位數的機會到底有多大？現在有這個機會，一半強迫自己去繳費的習慣，一半以備不時之需，等待哪天會有隨時用到資金的情形。現在只要簡單的跟你核對基本資料與發簡訊回傳，等審核通過就有這樣的機會，是不是很棒？請給我們一個服務的機會吧！

3. 申請下來不知道要做什麼

怎麼可能會不知道用在哪裡呢？這個問題真的也太妙了吧！我們每天辛苦工作，當然也是為了賺錢，突然來了一筆資金，我相信任何人都會慌張，更何況是需要利息的資金，任誰都會先排斥，我懂。但是你有沒有想過這筆資金下來，其實我們不用教你怎樣用，自己都會幫錢找出口的。舉例來說：一般家庭開銷的預備金、讓生活舒適度提高的整修費用、讓四個小朋友幫你帶回更多小朋友的被動式收入規劃，或是讓自己資產變漂亮的放在戶頭…，太多用途了。其實你根本不用擔心這個問題，如果你跟家人提及你戶頭有 100 萬元的額度，我想你家人都會想辦法幫你使用，到時我還怕額度不夠使用，你說是不是？那我這邊簡單跟你核對基本資料，沒問題發簡訊給你，回傳就可以審核自身條件了。我可以沒有壓力先做準備，不是很棒嗎？

4. 家人反對

這個有可能造成家庭革命的事情我們不做，但是你有想過為何家人會反對的原因嗎？其實，我之前的客戶也遇過相同問題，到最後客戶也是有申請，我跟你分享一下吧！主要的原因有幾個：1. 你平常在財務管理上家人就不是很認同，應思考一下是否該開始讓家人對你改觀了，雖然可能現在看不到成效，但我相信未來如果剛好家人有急需，你身上又有這筆週轉金的時候，他們一定會感謝你現在的決定。2. 因為這筆貸款下來是以為家裡負擔減輕壓力為前提，客戶做了一個很棒的選擇，就是因為他們家是老房子，為了讓家人住得舒適，所以申請下來整修老舊的浴室跟跟窗戶後，就整個感覺煥然一新。原本他老婆也非常反對，但是這樣花費下來也不到 30 萬元，每個月才花 5-6 千元而已，讓他們家人的住家品質大大的提升，後來他老婆還親自打電話進來問自己能否也申請，要幫她娘家也整理一下。你看這種情形哪可能會造成家庭革命呢？你說是不是？ 3. 家人覺得還不是很欠缺資金的時候，你認真想想，哪個有錢人企業家沒有貸款過的？利用自己條件好的時候跟銀行往來，是成本最低的道理，現在很多人都懂，誰說貸款一定要有使用到或是花費到才能有用處，貸款下來沒有用到，我們繳得起，就是良性的資產。當我們資產越多，相對未來的條件也有可能變得更好，不是嗎？現在企業家、資本家巴不得可以跟銀行拿資金出來運用，我們也可以變成小小的資本家，把錢留在身上，等機會來臨時，隨時都可以動用，難道我們消費不起嗎？沒問題的話，我這邊簡單跟你核對基本資料，發簡訊給你，就可以幫你審核條件了。

5. 對資金沒概念、沒想法

為何要有一定特別的想法跟概念呢？那你應該是手頭沒有擁有過這些數字的資產吧！其實，現在的社交媒體平台都有很多財務思維或財商頻道，都是免費學習的。如果你消費得起，那就能申請額度下來做規劃，讓自己的帳戶數字先變漂亮。俗話說的好：「人不理財，財不理你」，這句話大家都懂，我想請問一下，現在是高通膨的年代，你覺得哪種東西最划算？我可以大膽的跟你說，一定是信貸。以政府統計通膨率每年成長 3-6% 來計算，物價貶值的速度太快，唯獨銀行給的信貸利息不逐年成長那麼多，這就是有錢人都喜歡貸款的原因。你可以認真思考這個問題，「是不是以往沒有擁有過那麼多資產規劃，所以感到害怕跟恐懼？」我想請問一下，你有買過保險嗎？你真的對保險很熟嗎？如果有買的話，那你為何要買？也是擔心以後醫療保障不夠，才會每年花個幾萬元，跟保險公司買那個永遠有可能理賠不到的商品吧！試問一樣在繳費，反正在消費得起的情況下，為何沒打算幫自己每天都看得到的帳戶，做一些資產的保障呢？到時臨時要使用都可以。我覺得可以先幫你審核看看你的條件，到時候我們再來決定可以擁有多少資金在戶頭，讓我們的帳戶變得漂亮起來。每天看到那些數字心情也會變得很開心吧！

6. 我錢很多，不需要

那很棒、很厲害耶！那你一定很會規劃自己的資金，你都是放哪些商品讓它不會有貶值的情況呢？都是長期規劃還是短期運用的資金？這時候耐心聽客戶分享完他的故事，再建議可以提供的方案讓客戶去思考，告知客戶，反正平常都有做規劃，只要不吃虧的情況下，再多一筆資金累積上去，我相信你能創造更大的利潤機會，你跟銀行往來一年之後真的不想用，你再幫我做大額還款或是結清，過綁約期後我們可以無條件沖掉金，這樣是否對你有更大的幫助？沒問題的話，我這邊簡單跟你核對基本資料發簡訊給你就可以審核了，到時候看成本多少，覺得可以我們再撥款運用就行。

第二類 ： 身上已有貸款

7. 利率太高

怎麼會貴？你知道嗎？銀行審核標準都是一致的，不會有差別待遇的情形，當你一直聽到很貴的狀況，一定是在某些條件上出現問題，如果你真的想要拿到比較優惠的待遇，一定會有機會的，但前提是必須要自己的條件符合銀行審核的門檻，而且貴有貴的用法，便宜有便宜的用法，先把我們資產條件變漂亮了，以後就不用擔心信貸很貴，不是嗎？如果貸款真的很貴，你覺得那些有錢人都不會算嗎？他們算的可是比銀行還精明的，卻很愛跟銀行往來，原因其實很簡單，因為他們都知道先把條件準備好或是先與銀行往來，才有機會越辦越便宜啊！簡單的說，當你不熟悉的人跟你借錢，你會借嗎？當然不會，是吧？銀行有放款的責任，一定要借出去的話，你覺得利息一開始會相對的划算嗎？

8. 額度太少

那你大概需要多少？只要條件夠，我們銀行最高信貸額度是 500 萬元；額度少，是不是？你在別家銀行或是信用卡的使用上已佔用到額度了，沒錯，當然會變少，真的想要再提高信用額度，也是沒問題，像我們銀行透過流動資產證明並累加到你的收入去計算，例如股票、保險、基金、現金活存、定存，都可以當你的附屬財力證明。

9. 我剛辦滿沒有額度

那表示說，你很懂得運用銀行的資金做規劃，那真的很棒耶！是個聰明人，不過你怎麼會覺得自己辦滿了呢？是因為年所得 22 倍的上限問題嗎？如果是的話，沒關係，這部分絕對不用擔心，因為我們銀行可以用你的部分流動資產做認列年收入喔！例如股票、保險、基金、現金活存、定存，都可以當你的附屬財力證明，來提高你的額度運用。這就是為什麼有錢人會有錢的原因，只要繳得起，就不怕沒有資金可以做規劃，還是我幫你整合你目前所有的帳戶，一併幫你處理到我們家這邊來，讓繳款更簡單、更方便。那沒有問題的話，我簡單跟你核對基本資料、發簡訊給你，就可以做審核，如果額度真的希望再多點，到時候再幫我準備一下你的資產證明文件，就可以了。

10. 我剛辦完再綁約期內，不想要付毀約金

我了解那個毀約金的限制，其實是為了保障銀行單筆放款的收益成本而已，你知道嗎？有時候我們在資金規劃上會有一個盲點，就是必須有捨才有得，在綁約期間內的毀約金，也不一定要自己額外再拿出來繳費，我可以幫你納入我這邊的新專案裡面，讓你每個月的月付金有機會比現在更優惠，這樣不是很棒嗎？我們資金在運用上就是時間換成本的概念，大家都懂吧！假這每個月的月付金少 500 元，別以為這是小錢喔！因為 7 年下來每個月少 500 元的話，7 年就少了 42,000 元了，不是嗎？重點是你的毀約金有大於這個額度嗎？如果沒有，為何不給彼此一個服務的機會？轉個念想，就可以幫自己賺到一個不錯的專案，

第三類：沒信任感

11. 對與申請流程不了解

你以為現在申請貸款審核代表自己條件就會通過，代表一定會貸款成功，其實這個觀念是錯誤的。太多的經驗告訴我們，其實還沒有審核之前，都是你我在推論你的商品是否合適，儘管我願意幫你爭取到很優渥的條件，講得再完美，但是銀行審核出來沒有你想像中的自身條件那麼好，思考再多都沒有用。要不，我們換個做法，你先審核出自身條件完後再決定到時能動用多少，沒有壓力去做規劃，你可以把主導權放在自己身上，再來做決定，你知道嗎？其實我很怕客戶說「到時候要用到再打給你」這句話，這往往就是代表已經火燒屁股的時候才來找銀行申請，或是剛好有活動，不然銀行為何一定要放款給客戶，感覺差不多就像「我都不會生病，我沒有生過病，所以這輩子都不用看醫生的概念」吧！結果突然生病，就跟醫生說：「醫生救救我吧！」都癌症末期的人，你覺得醫生是神仙、可以起死回生嗎？我只能說如果醫生願意開藥動手術的話，算運氣不錯，最主要的保健還是要看客戶本身。所以，平常的保健一定要有，不管是食補還是保健食品，或是醫療保險，我們多少都願意花費承擔，只要每天都去接觸。很少人會認真去照顧帳戶的數字大小，明明我們每個月只要能花費得起 1,000 多元，就可以讓戶頭有六位數字，並且跟銀行往來，比保險更划算的事情卻一直沒想過去做。如果沒有問題的話，我先簡單跟你核對基本資料，核對完之後你幫我回傳做審核，就能了解銀行願不願跟你往來，現在不是我們挑銀行，而是先進行身體檢查的概念，你懂嗎？要符合才有機會有額度。別像我其他客戶一樣，等到銀行不願意，才在抱怨說老天爺對他不公平。

12. 單純不喜歡電銷

大部分的都不喜歡被銷售的感覺，儘管對客戶有幫助，當你還沒開口陳述內容時，他們就會像鬼打牆一樣的一直重複說著不需要，因為客戶本身就沒有打算接收新資訊的心理準備，是為了拒絕而拒絕。這時候我們就要思考哪種方式才能打開客戶的心防，讓他們接受新資訊內容。舉例來說，筆者有時候會說：「能給我 3 分鐘時間，直接跟你講重點，說不定可以幫你省下幾萬塊的不必要開銷，或是改變現況變得更好」的字句來表明。

13. 怕詐騙，想面對面

我懂，我也明白，因為沒有見過面，存在信任感的問題，是吧？加上現在有很多網路詐騙跟電話詐騙案，但請問一下，你有認真想過會被詐騙的人都有哪些共通點？就是貪心，還有好色，以及利用對人的同情心。如果以上都沒有的話，我更無須你同情我，幫我做業績，因為我純粹是覺得這次活動對你未來有很大的幫助，才會希望你能思考一下我們的專案內容，所以你覺得我還是詐騙的人嗎？開頭的自我介紹都已表明我的身分跟來意，不信的話，可以做身分核對之後，我們再來做下一步的溝通，那你方便拿紙筆記錄一下我的名字跟電話，讓你未來做核對、也能方便找到我的人。所謂的信任感是累積出來的，我不會強迫第一次接觸你，就要求你必須完全信任我這個人。那如果可以的話，你先做確認，我過兩天再跟你連絡，到時確認無誤的話，希望你可以給我一些時間，讓我跟你分享一下商品。

第四類：過去往來經驗不愉快（舊客戶）

14. 覺得專員都是在話術客戶

不好意思，我可能要替之前專員跟你說抱歉，不管是不是我們家的專員造成的問題，我還是一樣為了身為這個行業的人員先跟你說抱歉。但是從遇見我之後，有任何疑問或是任何我可以協助之處，我一定會努力幫你找尋答案或是協助你了解。至於，我們的活動內容，我會為你說得更詳細，如果有不清楚或不明白的地方，可以及時提出，我立刻幫你解決，沒必要把問題放在心裡面喔！

15. 只想找認識的申請

我懂，也很明白，你非常認同之前為你服務過的專員，我相信我的服務只會比上個專員更好為你服務，而不會比上個專員差。他可以服務你的部分，我一樣也可以，需要我進一步服務的地方，也麻煩你主動提出建議，我會努力完成你想要的期待。

16. 沒有有固定專員服務

現在已經進入 AI 的時代，很多大型企業的通路已經開始慢慢的轉型，以減少人力成本的負擔，我們要把握好還有溫度的服務；加上現代人太過忙碌與網路太過發達之故，很多都是透由網路或是客服做申請，當然不會有固定專員服務，此時，有需要協助的地方也無法聯繫到相同的業務人員。不過這個你放心，我在這個行業已經做了 N 年了，你方便的話拿出紙筆，我留下名字跟電話讓你以後方便跟我聯繫，辦完撥款後，你也可以每半年或每一年打來問問有沒有好的專案或是關心一下我還有沒有在這公司任職，這樣不就可以安心許多。

第五類：心理層面的負擔壓力

17. 我不想要有繳款壓力

我了解，我明白，平常我們收入都固定，還要照顧家人的花費，再多一筆額外的支出就會有繳款壓力，但是你有沒有想過不怕一萬只怕萬一，以目前我們的現況就已經有生活上的壓力，還不見得可以有額外的資金可以儲蓄，如果發生事情，到時候要找誰開口周轉呢？是爸媽、還是配偶、還是親友？都不是吧！欠債好還，欠人情難還，原因很簡單，當你幫助別人時，受惠者一定不會拿出來講一輩子，但是你只要開口跟別人借錢，就很容易被別人說某某某在哪時跟我借多少錢，這樣可能會被說一輩子，多難受吧！所以我們可以為以後做準備，先透過往來一些小額度讓銀行認識你，甚至可以了解假設你未來條件沒有任何變化的話，目前銀行最高可以給你多少額度以及多少成本待遇。這邊我們只需要簡單幾個步驟就可以了，給我 10 分鐘，就有機會給你全世界喔！那我先簡單幫你填寫資料，填寫完資後沒問題，會發個簡訊給你做核對，核對完回傳就可以進行審核了，以後就不用擔心會麻煩別人。

18. 我沒有額外資金可以繳，負擔不起

其實我很清楚這樣的情況，我本身還有資金概念時也是一直有相同的想法，你也知道銀行基本上都是固定薪居多，加上如果像我們還要背負房貸、車貸跟家人日常開銷的話，基本上留在自己身上可以運用的錢都所剩無幾了，這個情況我們更需要幫自己的資產戶頭多個保障跟資金數字，不是嗎？要怎樣才會有資金的保障？如果早期沒人跟你提過的話，現在算你賺到，原因很簡單，假設我們每個月可以負擔的起 5-6 千元月付金的話，你就可以幫你的戶頭創造出 6 位數字 3 開頭的財富喔！算起來是不是很划算？前提就是你目前要有穩定的收入才行。資金辦下來不是要你亂花，而是讓你在緊要關頭的時候有筆財富可以使用，最重要的是，剛好在有一些額外的收入機會時，你還可以利用這筆資金去創造，不是嗎？這不是賺到嗎？目前這社會上絕對沒有你每個月拿 5-6 千元，就能換取 30 萬元額度在你戶頭的機會，只有銀行推出的信貸活動而已，要好好的把握。沒問題的話，我這邊簡單幫你填寫基本資料，填寫完之後傳給你看看，若無沒問題幫我回傳就可以審核條件，到時我們就可以知道一個月正確額度是負擔多少，只要沒有壓力的情況下，看想拿多少都可以再做決定。

19. 不想欠銀行錢

我清楚、我明白，不過你知道嗎？貸款有分良性負債跟惡性負債，如果可繳得出來、可接受的貸款，且有辦法創造產值的貸款，就是良性的負債；無法正常繳款或用來花費娛樂的才叫惡性負債。你知道為什麼所有的企業家（上市上櫃有股票的公司）、資本家、公司老闆、投資客或用來做斜槓的人，為什麼都會跟銀行貸款嗎？因為這社會上從來沒有嫌錢賺太多，連特斯拉創辦人馬斯特、還有股神巴菲特，到現在仍都持續的幫自己擴張收入，也都跟國家還有銀行貸款不是嗎？如果父母不是很有錢的話，大多數年輕人買屋、買房車都是要跟銀行貸款，所以跟銀行貸款沒有不好，資金本身沒有對跟錯，端看使用者怎樣規劃而已。其實你可以趁著條件還可以情形，慢慢的利用銀行幫自己的存款帳戶拉高，就像我們買保險的概念一樣，每年繳幾萬塊的保險費也是為了以後做打算，現在開始也可以為了自己的現有帳戶做打算，只要一個月繳 1 萬多元沒有壓力的情況下，你就有可能立馬成為帳戶有 7 位數字存款的人。我們努力工作賺錢不就是為了讓自己戶頭變多，現在有機會可以把握，為何要放過？這邊我只要簡單跟你核對基本資料發簡訊給你，就可以有機會審核下來，看到時候月繳多少可以拿多少，這樣讓自己的現有資產變漂亮。

20. 信貸的年限綁約期都太長

不見得喔！其實各家銀行的銀行活動都有很多元，有完全不綁約跟綁約 1 年或是 2 年的活動，看客戶的需求點。我可以向你解釋，以銀行單筆成本來看，利率越低綁約時間相對的會越長，完全不綁約情況下撥款隨時都可以還款，這樣的專案銀行酌收的成本就會相對比較高。我曾辦過其他家的銀行信貸，設定繳款年限是幾年就是綁約幾年，這是 15 多年前的貸款商品才有這樣規劃，那時候的計息算法跟現在也大不相同，早期的貸款你會發現利息給期都是固定的。舉例來說，如果跟銀行借款 100 萬元一個月的利息是 9,000 元的話，一年收你 108,000 元其實不貴，對吧！但是假如你設定攤還期數是 7 年的話，就相對嚇死人。本金減少的同時，利息不會減少，都是固定酌收，早期的專案為何老一輩的人會覺得貴的原因即在此。現在的銀行信貸比較人性化，綁約期間內還款才會酌收你多還的部分，毀約金收取為 3-4% 左右，且不是不能還款，計息公式也有改變，就是在月付金不變的情況下，每個月本金會越還越多，利息越繳越少，如果中途有多餘的資金進來，還可以無條件沖本金，未到期的利息不會收，我覺得最令人可接受處在於無條件沖本金這項。對有持續關注貸款條件的人，會很留意的一件事情就是未來成為老客戶時，聽到不錯或是成本更低的條件，你都還有機會做調整規劃，讓自己的資金更靈活，讓自己的資產更加豐富。這邊沒問題的話，我只要跟你簡單的核對基本資料發簡訊給你，核對完操作回來，就可以審核了。最重要的是，撥款後我們家的商品還可以免費的提供給你 2-7 年的時間彈性做調整，每縮短一年加速還款就可以省下一年的利息，不像某些銀行年調整的機會都沒有，要重新辦理一筆才可以。

Notes

»

08 搜身引導推薦：適合方案

本書一開始有提到銷售的架構邏輯的搜身的部分有四大要素：1. 是否排斥商品的部分；2. 了解客戶的自身條件；3. 時間賽跑需要有效率的判斷是否是意願客戶；4. 是否有後續追蹤的機會。搜身的目的就是了解客戶的情況，針對客戶透露出的訊息，提供相對有用的建議方式讓客戶去思考衡量。在沒有任何資訊的情況下，貸款搜身引導這部分最容易被拒絕，因為當客戶防備心很重時，想讓客戶再多講些資訊的機會絕對是零。

那我們要怎樣做到降低客戶的防備心態，就必須在一開始的自我介紹做得很完整，加上品牌的價值感，如此才有辦法降低客戶的心防，多提供一些有用的訊息來跟客戶深聊。

在信貸上面搜身有幾個關鍵的十大重點，其主要用意是判斷客戶條件、可以接受範圍程度，以及客人想知道的報價情況，透由了解客戶推薦不一樣的商品。

1. 是否有正當工作

因為主管機關的規範，必須要在具備正當行業收入的情況下才有機會送審核案件。如果沒有正常工作客戶硬要辦理，只是浪費時間浪費人力，不如一開始就表明讓客戶清楚知道何種情況之下，銀行才有機會送審核，等客戶條件變得較好時再來處理。別浪費彼此的時間跟生命。

2. 是否有報稅收入

現在很多傳統產業或是服務業都是薪資高收低報的可能性很大，甚至為了節稅採只發現金的情況也有。但是在銀行端審核條件之一是必須要透過正常管道的薪資才會認列收入，事先了解可以減少誤判的情況，避免造成客戶期待值落差太大。

3. 大致上收入是多少

了解客戶的收入再來報價，才不會嚇跑客戶。舉例來說，讓一個月收入只有 3 萬的人辦 100 萬元的額度，第一點，單是能通過的額度就沒有那麼多，怎麼可能會申請的到？第二點，一個月 18,000 或塊 2 萬的月付金本身就是個壓力，除非客戶收入低又剛好需要這筆資金，不然，大部分的客戶一定會被嚇跑。或者年收入 100 多萬元的人，你跟他說可申請 10-20 萬元的額度，客戶一定覺得你似乎跟他在開玩笑，得到的回應就是「我戶頭就有了，我幹嘛去辦你這個出來繳利息」，客戶是看不見眼裡的。

4. 生活開銷都如何消費

每個客戶的消費習慣不同，有些人的慣性是以信用卡消費，導致信用卡循環利息產生都渾然不知，自己辛苦賺的錢就這樣一點一滴慢慢的流失；但有些客戶的情形不是繳不起也不是沒能力繳。這樣的客戶絕大部分都是對信貸不了解跟誤會，覺得信貸是一件很丟臉的事情或是缺資金的人才會使用。這時候就必須更有耐心向他們說明清楚，當觀念轉變了才有機會成交。最好的方式就是請他們拿紙筆寫下月付金，來跟信用卡對帳單、其他的基本開銷（如車貸、信貸、房貸、學貸）或是小朋友開銷、家庭開銷等等的消費壓力支出做比較。

5. 是否有多餘的資金做財務上的規劃

有些雙薪小康家庭如果在平常開銷外有能力做一些儲蓄概念的話，就不會有缺錢辦貸款的時候。這時候可以透過了解他們是如何做財務規劃，再來做適合的推薦方案。反正平常都有在做規劃的情況下，是不是貸款額度利潤會更多，偶爾也可以讓銀行做做你的股東。

6. 有沒遠程的目標在執行

若有存錢買車或是買房規劃，可以透過通膨的概念跟客戶做溝通，如詢問客戶房子看多久了，有沒有發現當你看上一間房子努力存頭款的過程中，它已經被買走，再過幾年才在悔恨說「當初要是能再衝動一點就不會越買越貴，或是買不起房子」。現在，只要我們能繳得起多少錢，就能擁有多少錢的資產在戶頭，可以當下做規劃，因為過幾年通膨繼續往上升，存款永遠比不上通膨。

7. 同一個月份還有辦法承受多少月付金的壓力

這概念其實很好玩，保險市場飽和度那麼高，大家都情願花錢去買那一些不見得會用到的保險來做保障，卻不願意花錢跟銀行往來，讓自己財富資產數字變得更漂亮。只要我們繳得起，戶頭就能擁有多少的財富，放在自己身上看著不用也很高興，不是嗎？這時候可多方舉例，讓客戶主動去思考。

8. 除了本業收入外，是否還有其他斜槓收入

以直覺來反應客戶基本上分兩類：一類是斜槓的勞動收入，本身對於金融相關商品的資訊接收度就沒有很積極，喜歡用時間換收收入；另外一種斜槓收入屬於被動式收入，規劃可以用資金創造財富的人。對這兩類客戶引導的銷售架構就不同。這樣的人往往都是希望在能努力的階段多賺點錢，要不是有賺錢的目標，就是要補足過去的缺口而努力，這樣可以好好的關心客戶的情況。

9. 誰是扮演家庭主要開銷的角色

夫妻是相互尊重的，所有的收入跟開銷都會彼此討論是一件好事情，但是如果我們的客戶沒有決定權或主導權的話，在溝通層面上就多了一些不確定性在，若再透過中間人表達意思時，有可能意義會變成完全不同。通常背負開銷的那個人的責任相對的比較重，也比較有主導權。要找到對的人溝通，也是一種相對重要的技巧。不然到最後都會遇到程咬金的事情，白白浪費時間。

10. 如果有機會是否願意再多賺一點

平常已有在做一些財務上的配置跟規劃，是屬於本身就有想法跟目標的人，這樣的客戶其實不用跟他說明太多觀念跟架構上的問題，他們本身就會理解。我們的角度是提供一個讓他覺得不錯的方案，如果客戶可以做到不虧損的情況，而又有多一筆資金可以創造利潤，對客戶來說，只是讓銀行加入當股東的概念，從旁引導他的思維方式。

講完10個搜身的重點後，目的只是要讓我們更了解客戶，透過搜身來思考如何架構商品來找出對客戶有幫助的運用模式去建議，也是為了下個階段而佈局的引導方式，進入比較試算。

Notes

»

09 如何有效經營客戶分類：思考如何適合客戶

在客戶經營工作方面，有公司提供的系統軟體，或是手機通訊軟體設備。在這麼多的資源裡面，我們要如何開發以便讓自己手邊的資源變多，是相當重要一環。每個客戶聯絡方式分類都是很重要，以筆者為例，公司名單資源絕對無法透過其他方式獲得，只能利用公司提供的系統去做整理跟分類。如果小時候很會讀書的讀者們，一定知道筆記的重要性，更了解分類的重要。雖然筆者本身在求學的階段不愛讀書，成績普通，但對於工作的認真跟投入，卻是花費很多心力去研究，找出花費相同的時間讓自己生產價值收入變高。

在客戶經營工作上，都會需要做到以下分類：1. 意願度高低；2. 聯絡時間的方便性；3. 客戶工作的性質差異性；4. 消費能力的判斷性；5. 提供客戶商品的不同性；6 客戶需求時間點的判斷；7. 記錄每次跟客戶聊到的重點跟最後跟客戶收尾的重點。不管是利用哪一種工具，必須以最快速、最有效的方式搜尋出來那些不同的客群，才不會一直重複在進行開發的步驟、無限循環浪費時間。每次一再重複跟客戶開發，客戶會感覺你一點都不重視他的講話內容，當客戶感受到不被重視的情形下，你想客戶會放心給你做業績的機會嗎？那是不可能發生的。不能如大海撈針一樣的漫無目標，有明確的目標客群才不會有慌張的心理，加上以明確的方式系統化的經營它，這些做法能幫助自己在銷售過程中，找出更好更有效的經營模式。

1. 意願度高低

意願度高低，是可以分辨的。為何要將分辨客戶意願度高跟低做分類？在我們主要銷售客群的接聽率與接觸率的情形中，願意聆聽的客戶除比較不排斥商品外，也比較有機會讓我們去溝通客戶觀念。在銷售的過程中，不單單只是介紹產品這麼簡單，必須思考好銷售的架構，讓客戶較容易打開耳朵去聆聽我們想要表達的想法。意願度高低會直接影響我們口袋名單的多寡，讓我們知道案件來源的穩定性。這不只有對業務上有幫助，還有對自己心態的穩定度也會有影響，才不會有在茫茫大海找案件的感覺。

依意願度高低劃分為以下四類客戶：

(1) 對於商品有高意願度是指在銷售過程中，有聽、有嫌、有互動的人。

(2) 對於商品有中意願度是指在銷售過程中，有聽、願意了解、不排斥的人。

(3) 對於商品低意願度是指在銷售過程中，你覺得客戶有需求度、對於客戶有幫助的人。

(4) 對於新客戶資源名單還沒有接觸過或是客戶本身還沒有了解商品無法判斷客戶的意願度的一群人。

2. 聯絡時間的方便性判斷

現在各行各業的上班時間大致如下：白領上班族通常上班時間以早上 8 點到下午 6 點居多。高階收入管理職都常是在會報開會的時間，認真想接觸到的話，就是 10 點後或者下午之後的時段。藍領工作業者上班時間都無法自由地接電話，只能在上班前或是下班後，如果是非輪班性的公司，建議第一次沒有聯絡上的話，可以在晚上 6 點半後再找一次客戶；如果是科技業的藍領客戶，建議當天如果沒有找到的話，可以撥打三天聯絡，因為大部分通常是做二休二，不知道哪天休息，只能去嘗試看看；如果是金融相關行業的客戶，可嘗試在中午休息時間，看是否可以找到客戶。當在上述時間找到客戶時，銷售過程中最重要的一句話，就是「你通常哪時候比較方便接電話？」直接詢問客戶，如果客戶有興趣的話會講出他有空的時間，如果只是敷衍地回答下次再連絡時，就能有效判斷知道客戶的意願度了。在電話銷售工作中，被客戶掛電話是常態，找不到人講話也是常態，因為現代人大多數不接陌生電話，加上有 whos call，在撥打過程中，只要客戶沒有興趣或是不信任的電話就不會接也不會回撥，畢竟現在詐騙那麼多，客戶有防備心是正常的。當客戶接起電話給我們機會的同時，相對的我們也必須做到取得客戶的信任感，這是非常重要的。

3. 客戶工作的性質差異性

信貸工作中，分類是很重要。一般有未雨綢繆觀念的人，都會希望收入可以越高越好，而不是領固定薪資，其實這時候就會出現一種疑問，那領固定薪的人就沒有未雨綢繆了嗎？當然不是這樣說的，只是從工作放款經驗累積下來，大部分收入高低跟一個人的思維有關聯，收入高的人比較勇於嘗試跟面對挑戰，收入低的人大部分幾乎是安於現況，日子過得去生活不虞匱乏就好，這樣的人通常只會在有需要或是逼不得已時，才會去做貸款或是消費，因為他們的收入不足以讓他們有多餘的消費。舉例來說，叫一個做工的人去做財務規劃，等於要他們的命，就如同讀工科的怎會對金融相關熟悉呢？環境不一樣，要他們去做平常都沒接觸的這件事情，客戶怎麼會因為你的一通電話而去改變思維呢？

4. 消費能力的判斷性

做信貸其實在銷售報價的時候也要很小心，如果平常收入只有月收入 3-4 萬元的人，其實扣除生活開銷雜費等，在不影響生活品質下，一個月額外的支出費用最多也只能抓 3,000-8,000 元來規劃，假設你建議他的專案一個月要繳超乎能力範圍的金額，結果只有一個答案就是「我不需要」（他的含意就是：我消費不起，所以我不去思考）。但您跟年收入 200 多萬的人跟他說貸款金額只有 30-50 萬元的話，你得到的答案只有一個，也是「我不需要」（他表達的含意就是：你是看不起我嗎？我有需要差你這 30-50 萬元做規劃嗎？）。銷售過程中，在一開始要讓客戶打開耳朵去聆聽，就需要第一時間判別如何去吸引客戶，所以在開始介紹商品之前，必須要判斷客戶的消費能力是如何，不要輕易的去破這局。

5. 提供客戶商品的不同性

信貸銷售商品其實只有一種，但是變化性卻是多樣化。筆者很常聽到一句話：辛苦工作賺錢就是為了把錢變成自己喜歡的樣子。

信貸銷售也是一樣，貸款本身沒有好壞之分，而是看銷售提供哪種的建議去幫客戶解決目前的問題，或是在客戶可以承擔風險的情況下，變成自己想要的樣子。了解客戶端的不同需求，才有辦法創造不同商品的屬性去做規劃。如：

(1) **投資理財**：讓錢繼續生錢。

(2) **代償他行**：降低不必要開銷。

(3) **整理財務**：之前的花費種類太多，用一筆更大的額度集中管理。

(4) **創業**：存錢太慢，讓銀行當股東貸款創業，比較容易取得大筆資金。

(5) **家庭開銷**：有時候在只有固定收入的情況下入不敷出很正常，放點資金在身上，方便周轉運用。

(6) **買車**：因為現在很多人都誤會與不了解信貸商品，通常都只記得在有抵押品的條件下，才有可能比較優惠，但是以現今銀行的信貸市場來看，筆者只能說不見得有抵押品的會比較優惠，還是要依每個人的綜合評分判斷之後，再下定論比較準確喔！

(7) **把錢變成自己喜歡的樣子**：讀者們可以動動自己的小腦去思考，找出更多不一樣的樣式。簡單的說，花錢這件事情，應該不需要人教吧？

6. 客戶需求時間點的判斷

大致上可分為：1. 迫切需求；2. 規劃性需求；3. 既定未來需求；4. 突發性需求四大類型。

(1) **迫切需求**：這樣的客戶不管需要資金的原因是什麼，你會發現客戶自己非常積極的找方法或是聯繫您，配合度是非常高的，因為想要在短時間內拿到想要的資金。這時候，你能提供有效率的服務就是對他最大的幫助。

(2) **規劃性需求**：這時候客戶在資金運用上已經有明確性的想法跟規劃，只在於哪個時段取得而已。例如，已經在規劃創業中或是結婚、房屋修繕等等之類的情況，都是事先已安排後的計劃。這些項目可能資金沒有到位就會取消，也不會影響生活，甚至有可能隨時放棄想法跟念頭。

(3) **既定未來需求**：比較容易發生在已經產生買賣合約的情況下，之後需要產生的消費性行為，例如龐大的年繳保費、已下單購車、預售屋已經簽約等等之類的情形。

(4) **突發性需求**：最常聽到客戶講的一句話，就是「等有需要的時候再找你」。這句話，100 個裡面有 99 個多半都是騙你的，千萬別相信，因為這樣的客戶到時候絕對一定會忘記你。家裡突然發生事故或是生活上發生變化等，這類因突發性情況而只有一次性需求的客戶，基本上風險觀念比要薄弱，如何提前讓客戶接受建議，就必須透過溝通讓他們了解週轉金的重要性。另外，還有部分客戶不希望有欠債的感覺，大部分的觀念還是停留在過去，覺得貸款就是欠債，不懂得財務規劃跟套利。這些都需提供客戶財務規劃的觀念。

Notes

10 聽音檔學習的重要性：每個成交都是從拒絕開始

筆者在還沒踏入電銷工作行業之前，很愛玩線上遊戲，整天下班就是玩遊戲打怪、練功、掛網，說出來不怕大家取笑，打遊戲真的沒有不好，主要是看打哪一類型的遊戲。剛進入電銷遇到瓶頸時，如何讓自己有目標不要輕易放棄的緣故是因為筆者轉個念想，設立自己的進階小小門檻，每每完成一個階段時就會有不同的成就感。大家會很好奇業務工作為何會跟打遊戲有關，且與聽音檔又有何關聯性？

筆者把工作當遊戲看待，心情就會比較舒適，還能維持熱誠。

遊戲一開始設定怪物（客戶）等級，就是將可以申辦的額度設定為 10 萬、30 萬、50 萬、80 萬、100 萬，還有 100 萬以上的菁英怪物。每隻怪物（客戶）屬性不同，等級亦不同。客戶的 HP 血條（接受度），當接收度越高，怪物的 HP 相對越低，等完全接受後，就已經等於他也已經死亡。每次打怪物（打電話給客戶）時，就是因為屬性不同的怪物（客戶）MP 攻擊方式（反對問題）不同，我們要知道如何閃躲（帶過話題）跟反擊（回應客戶方式），但同時間也會對我們的 MP

（技能攻擊）造成腦力消耗。遊戲設定的內容，是由公司制度規範下去衍生出來的模式。筆者所在單位要求的基本功，就是每天上線有效通時2:40分以上，總通時4:30以上，另外，每天要求要打倒兩個怪物（送兩件要辦的審核），還要每天撥到40萬以上。剛接觸這個遊戲（工作）環境的時候，筆者心想每天可以打倒一個怪物已經算是過年了，但當筆者能力越強，時間越久，掌握的技能越多時，發現這些基本要求根本一點都不難，最難的是目標遊戲每每在改版設定的時候，要怎樣在遊戲中繼續玩下去。修正到最後，現在的我遊刃有餘，所以才會想說把自己的技能分享給大家。

那我們該把遊戲（工作）設定好呢？筆者大致設定以下階段：

第一階段

我們創立一個遊戲角色的時候，選擇出生地跟角色類型，必須要取一個響亮的名字，目的就是讓我們出場介紹時，讓客戶容易對我們印象深刻，加深別人對我們的印象，也就是在自我介紹時要表現得漂亮，並且讓客戶知道有需要時想起我們並與我們聯絡。這部分非常重要。

第二階段

創建好角色之後，就是讀取遊戲故事劇情（上訓練課程跟聽學習音檔）並設定，內容設定後就會有經驗值的概念，就如同聽取音檔一樣，利用聽音檔去了解一下銷售的流程跟情境，這樣就不會那麼緊張迷惘，能盡快了解內容吸收知識。

第三階段

開始聽音檔練習的時候，就是新手村的概念了。如何透過音檔學習來點選我們的技能，把學到的技能分類出來應用在銷售族群，找到與自己頻率相同的客戶，才有辦法好好的溝通彼此思維。剛開始的時候，大部分的玩家（業務）都是為了打怪（打電話）而打怪（打電話），第一次接觸怪物（客戶）的時候，就必須做好自我介紹，拿出自己裝備（技巧）來攻擊（說服吸引）怪物（客戶）靠近。讓怪物（客戶）靠近，需要學會一個叫咆嘯（讓客戶打開耳朵）的技能。剛開始最有效的方式就是模仿學習音檔裡面的技能，聽音檔的技能大致可以分為五點：

(1) **學習了解銷售過程的模式**：主要用意在快速了解整個銷售的流程跟如何協助申請，公司制度流程 SOP 化，處理案件的流程分為前段（開發）、中段（跟催）、後段（成交）。

(2) **聽取客戶反對的問題前輩是怎樣回應**：其實剛在新手村練習的新人，第一次聽音檔的時候，都會覺得學長姐好厲害、好流暢喔！但是一旦上場開始離開村莊後，處理案件的流程就會遭受到怪物（客戶）襲擊，迎來不同的攻擊（反對問題），在新手訓練場外的怪物（客戶）是真的對我們有實質性的傷害。雖然怪物的攻擊（反對問題）不會造成我們 HP 血條損耗，但在公司上班的體力會依照溝通的賣力度跟時間長短而減少，造成我們 MP（腦力等於魔力）的消耗，而公司主管帶來的壓力也會導致 SP 精神力的消耗。這些不可否認都是真實版的遊戲設定。

(3) **強化自身感受**：在新手村聽音檔主要是學習技能，遊戲玩久了，聽音檔就是在聽銷售感覺跟架構。每個前輩都有不同的思維邏輯，在何種情況下該拿出不同的技能（思維架構）來回應客戶，讓自己的 MP 回沖補滿，到時候繼續輸出。

(4) **接收不同思維邏輯**：每隻怪物的特性都會有所不同。其實每個遊戲設定，在不同地區的怪物類型也不太一樣。在此銷售架構學習的階段，就是如何針對怪物的屬性做分類。分類這個工作公司無法幫我們細分，而且每個業務接觸怪物的感覺也不太一樣，只有自己交手過，才知道哪種怪物需要我們拿出哪種技能去對付。所以大量的幫自己點選不同的技能，變得相對重要。

(5) **掌握不同的關鍵句**：聽音檔中所謂的關鍵句，就是如何知道怪物的弱點在哪裡，使用相對應的技能（思維架構）比較有爆擊率產生。當每次發生爆擊的情況，怪物的傷害就會加層（這樣就是對我們的信任度變高），等到怪物的血量（對抗值）降低時，又在適當點補上最後一擊，或是當怪物有自動回血功能，該如何去拿捏並需要一些銷售技巧判斷，以及經驗累積哪個時間點能捕抓怪物機率最高。

第四階段

離開村莊並在周圍開始打低等怪物時，當發現自己輸出攻擊力不夠（MP 技巧不足）或裝備不好（SP 能力不足），就必須回來村莊逛逛看看，尋求主管或是學長姐的協助，剛開始每日的補充討論是必然。好好思考一下，您打怪掉下來的金幣（每個月的收入），也不會落到他們的口袋，憑什麼他們要耗費自己可以打怪的時間陪你一起團練，一切只是希望在這個遊戲中你能活下來。千萬不要怪別人為何不教你，因為大家能上線練功的時間都是很有限的。

第五階段

拿到名單資源後，開始分類註記如何快速找尋我們要的目標怪物（客戶），等同於打開探尋新地圖的功能，註記好的功能等於幫助我們快速的到地圖怪物（客戶）的出生地，再搭配我們裝備好的武器（銷售技能）去攻擊怪物。在電話行銷的過程中，會出現無人接聽的情形，可以想像成那個地圖確定有怪物生成，但是如何遇到怪物（客戶）？最簡單的方式，就是不斷的在同一個地區來回走動刷機率。換言之，就是「多刷幾次電話」的概念，若被你刷出來的話，就能直接打怪（客戶）。

第六階段

裝備（銷售技能邏輯）等級也會有不夠用的時候，筆者覺得沒有絕對的銷售話術，只要能打死怪物（都是好話術），不管你是用拳頭慢慢 K（很有耐心的溝通互動，跟客戶一應一答花費很多時間經營的方式），或者拿弓箭遠遠攻擊（就是每次都丟個好處給客戶，丟完之後讓客戶去思考，等待怪物自然死亡〔成交〕），又或者是近戰的刺客（喜歡遇到怪物時可以一擊斃殺，屬強烈報擊的方式，命中怪物〔客戶〕的需求點或是問題點），還是近戰的劍士（一刀一刀的攻擊，等到怪物〔客戶〕有受傷的反應〔互動時機點〕時，直接擊殺怪物〔成交客戶〕），甚至是魔法輸出的法師型（喜歡放技能、念咒語〔就是舉例說故事的方式〕來攻擊怪物〔客戶〕，等待輸出傷害足夠時再痛擊怪物〔成交客戶〕）。這些技能都會因為每個業務的屬性不同帶出不同的銷售族群，所以要成為一個成熟穩定的業務，必須玩過很多不同的角色設定，才有辦法遇到不同的怪物（客戶），找出有效的攻擊模式（成交模式）。所以要先了解自己想要設定的角色（銷售特質），才有辦法有效的學習事半功倍的玩樂（工作）。

第七階段

幫自己設定等級可以分成新手三階段、玩家三階段和專業三階段。第七階段會有 10 級到滿等 90 級，在進度以及心態上幫自己設定等級目標門檻。不管在哪個公司制度，讀者都可以這樣思考，增加並調整自己在工作上的樂趣，筆者聽過一句話：「當你為了生活而工作的時候，只是一種耗費精神跟時間的事情，但是當你熱愛工作的時候，你都會把一切變得理所當然。」每個人都會有高低潮時，端視目前的遊戲（工作）是否繼續玩下去。去思考一個問題－為什麼別人花同樣的上線時間玩遊戲（工作），可以打到的裝備（技能）跟金幣（月收入）比自己還多，我們是在何處跟別人不一樣？

在我們啟動遊戲（工作）開始，就去分以下三個階段：

1 新手三階段：

1. 第一個 10 級。先了解業務流程可以順利成交案件。

2. 從10級升到20級。找到自己好打的怪物（客戶）當基本盤，找出喜歡願意聆聽你的思維架構的客群。一開始的技能，應該只會介紹公司商品，要先學會公司商品、了解商品後，才有辦法繼續下個階段。

3. 從20級到30級。努力的活下去並繼續玩（每個月可以通過公司的基本要求，還有主管要求的門檻。如果以上都能完成，恭喜你已經走過新手區，可以踏入玩家的階段）。想必在新手階段的練習區，應該已經過一年左右的時間去完成這等級了吧！

2 玩家三階段：

1. 從30級到40級。我們必須要開始檢視過去每個月的月收入加總起來，有沒有高於過去的平均水平，如果經過一年的努力有高於過去工作的情況下，可以思考繼續玩下去；如果還是低於之前的收入水平，歡迎思考是否要登出遊戲別玩了，因為玩下去就沒有太大意義了。玩家階段就是開始增加並投入自身的要求，還有過去使用過的武器（技能），必須幫自己衝裝備了（從+1沖到+9），開始要精化自己的裝備（技能），讓自己更有效率的快速分辨區類型的怪物（客戶）。當看到怪物（名單資源）時，要快速分類出不同地區的怪物（客戶），把他放進屬於該去的地圖分類（客戶屬性分類），等待需要打怪（客戶），這樣才能快速有效的採取不同裝備去攻擊。

2. 從 40 級到 50 級。這時開始要追求如何幫自己每個月撥貸設定目標並完成，從大方向月撥貸 1,000 萬元來看，每個月平均四週，每週目標要完成 250 萬元業績，那每天要找到最少 50 萬元額度的中等怪物（客戶），或是 20-30 萬元額度的小型怪物（客戶）。那這些客戶每天要從哪裡來？開始要去思考自己的地圖裡面有沒有這樣的怪物，這時，前面所說的意願度分類跟屬性分類，亦即把自己的地圖怪物（客戶）分類好，就變得相當的重要。等你升到 50 等級時，就必須熟悉這樣技能（善用公司資源工具），順便開始要求自己的收入要達到一定的水平，在南部最少要每個月 5 萬元以上的穩定收入，才能對得起自己在業務單位辛苦的活著。這樣的年收已經達到 60 萬元以上，等同於傳統產業的小主管的收入，而這需要熬上 7-9 年以上的時間，才有機會看到這個數字。自己用第一年的時間學習的過程也要達到這樣的水平，第一年如果沒有完成，就必須要在第二年的時候努力實現。

3. 從 50 級到 60 級的任務。已經開始熟悉自己的武器裝備（銷售技能專長），開始沖裝備，何謂沖裝備？就是依據過去的武器（銷售特長），發現不同的怪物（客戶）弱點，更精準的讓客戶願意打開耳朵聽你講話（就是訓練自己的聽力跟關鍵句），遇到怪物（客戶）時可以更有效的把握機會去攻擊怪物（跟客戶溝通）。到達這個階段，相信讀者已經在職場上撐過兩年的時間了，不管是心態上的轉變或是工作上的抗壓性，已經慢慢可以進入下一個階段了。

3 專業三階段：

1. 從 60 級到 70 級的任務。除了可以掌握好怪物（客戶）屬性外，開始已經非常了解自己的權限在哪裡，主管的要求的基本門檻為何，可以靈活的在溝通中就判斷出客戶的價格跟成本落點，幫自己設定的目標與方向，並維持住業績，讓自己的平均月收入穩定在 6-7 萬元左右。

2. 從 70 級到 80 級的任務。開始有自己的一套銷售方式跟邏輯性，透過上線練習跟帶新人練等級的方式，加強不同的思維邏輯，並且探討出每個時期不一樣且好用的技能（等同打裝備的概念），找出有效並且有邏輯性的練功方式打高等怪物（客戶）、提高金幣（月收入）跟裝備（銷售技能），取得能力，且配合時事或是增進舉例說故事的能力，來加強攻擊怪物（客戶）的傷害能力（接受程度）。

3. 從 80 級到 90 級的任務。恭喜你，當你走到這邊，可能已經在這遊戲上玩了有三年左右的時間，那就必須開始突破自己收入上限，讓自己擁有年收入可以維持百萬的能力。

綜合以上的所有經驗，達到 90 等幾乎已算是可以快滿等的成績，可以開始背不同的小號（金融相關資訊）來練功，筆者的小號有房地產、基金、保險、股票、資產規劃這五大項目，可用來攻擊怪物（客戶）。當你的小號開始慢慢地練起來時，已經快接近滿等了，只要你能接觸到怪物（客戶），無論他是缺錢的（提供用錢的方式跟管道）、用得到錢的（介紹好自己等待時機點）、懂得用錢的（了解客戶資金的用法提供好的商品）、有錢有愛心的（用專業度跟服務讓客戶買單），都能很輕鬆拿下。

小號附加攻擊能力培養

每個人有各自的特長，端看各位的興趣來培養小號，只是如何套用在遊戲（工作）中而已。筆者剛好對金融相關商品有興趣，便進而培養（房地產、基金、股票、保險、資產管理等等相關聯性的），在資金的銷售過程中也是一種無形商品的銷售。前文筆者曾提過，要如何讓客戶有思考的衝動，進而會辦貸款的四種人裡，每個銷售架構會有不同分類屬性的人，倘若不小心分類錯誤，就有可能遇到客戶不會給你機會再去溝通，所以判斷很重要。懂得用錢的客戶，客群額度都特別的大。其實筆者亦發現有些學弟妹的收入，因為還沒到那個級距（可能只有 40-50 萬元），導致跟收入 150-200 萬元的客戶講話，思維邏輯還不夠，所以很難去成交那些客戶。想要知道，就必須了解高資產客戶都是如何規劃資金，聽多、聽久了，就開始慢慢產生興趣。

筆者剛進入電銷的第三年就買下現在住的房子，這雖然不是筆者第一間房子，但確是住最久的房子，接下來就跟自己說：「在這個職場上，我要每三年買一間房子來投資做買賣或是包租。」目前工作 12 年了，手頭經手的房子有五樓公寓、三至四樓的樓中樓、老舊透天厝，目前自己是住在大樓，這些都是買賣案件加減賺一些額外的零用錢而來，順便也了解房貸型態到底是如何，當客戶問到時才有機會去分享自己的經驗。每個銷售者都是很愛聽故事的，任何自身或是客戶的故事都可以分享。投資不動產資金流動性雖然不高，但是算最穩健的，只有第一次年輕（20 歲）那時買的房子，後來因為讀書繳不起房貸只好賣掉有虧錢，其他的目前為止還沒有虧損過。（這個方式可以分享給還在外租房子的客人，房客跟房東的差別其實只有三個字，就是「頭期款」，我們再怎樣努力，存錢的速度永遠趕不上通膨房價高漲的速度。你想想，租一個房子每個月 13,000 元好了，你跟房東租 5 年 60 期，等於你這 5 年把辛苦賺來的 78 萬元拿去養房東，反正都繳得起 1 萬多元了，為什麼不要貸款 100 萬元當房屋頭期款，銀行利息再高也不會 5 年收到你 78 萬元的利息。這樣的思維，真的都沒有跟人與客戶溝通過，這也是當筆者成了房東之後才想通的環節。）

研究基金這個啟發是因為公務人員退休，都會有穩定的退休金，但是一般勞工卻沒有這樣的福利。因為沒有，而且筆者也想要，所以才去找工具，結果在基金裡，筆者發現有累積型、月配型，還有季配息型、半年配息或年配息的，可以利用時間軸買入時間差的性質，讓自己每個月都可以有被動式收入，只要單位數累積夠多，也有可能不輸公務員的月退俸。（這套資金運用的情況，可以跟快退休的客戶做分享經驗，但切記只是分享經驗跟工具，以引發客戶用錢的思維，而不是讓客戶跟你做同樣的事情，畢竟資金是客戶在操作，我們只是負責幫客戶申請而已，記得不可以講到明確的標的物，避免虧損的時候回頭找你，造成不必要的麻煩。）

Notes

»

11 勇敢成交

筆者記得一句話，「每個案件的成交都是從拒絕開始。」所以如果被客戶拒絕，我們要視為理所當然，畢竟每個消費者在還沒了解商品好處，以及對自身有什麼幫助或是否有需求之前，要他們主動了解或是花錢購買的機率非常的小。

筆者覺得一個好的穩定銷售業務員，不管是從事銷售哪種商品，都必須站在客戶的立場去幫客戶思考問題，解決問題，處理問題。如果客戶對你的服務開始慢慢地有認同感，同時就會產生信任感，接下來才會思索本身是否真得如你所說的需要這份商品。

當銷售好玩的地方即是每天都有不一樣的事情需要動腦思考。其實學好銷售，未來不管走到哪，都不用擔心找不到好工作，每個行業一定都會有銷售業務部門，而這樣的工作收入大多取決你的能力，而不是固定薪資。

那如何掌握何時開假設成交客戶的時間點拿捏，就變得很重要。太早了，客戶會因還沒全部了解放心之前被你嚇跑，太晚了，當客戶感覺冷掉了就白費一番苦心再花時間溝通。

時間點未拿捏恰當時，最常換來聽到的一句話就是，「等我有需要的時候再跟你聯絡」，但最後講這句話的通常 10 個裡面有 9 個是跑掉的。

那我們要怎樣有效分辨可以抓準時機點的部分呢。其實，在消費者行為學中，所有消費動機的開始就是先有思考，才有行動，最後才有決策購買。當一個業務員尚未讓客戶接納商品之前，一直自顧自地介紹商品，是無法打動客戶的內心。如何引導讓客戶思考這件事情並打開耳朵跟內心去了解，就是身為銷售業務每日的課題，所以在每個銷售過程中，必須要做到穩定的架構流程，跳過的話或是過於簡化流程產生的話，化學反應一定也會不同於合成出來的，結果一定也會不如預期。

我們可以探討消費動機的三步驟流程：1. 思考；2. 行動；3. 決策購買。當你可以順利地引導完成這三個步驟時，就必須恭喜您幾乎可以勇敢地跟客戶要業績了。因為您已經取得 80% 的成功率，後面的 20% 就是看商品的表現跟信任度了。

思考

思考又可以分為三類：

1. **主動思考**：本身就有需求性的客戶群。

2. **誘發思考**：透過案例舉例跟客戶身邊有關的事情，讓客戶去反思本身是否有需求。

3. **被動式思考**：利用消費限時限量優惠專案這心態，告知之後再也無法取得相同優惠的活動，強迫客戶去思考到底是否須先購買起來放。最好的例子就是女人的保養品，百貨公司的周年慶活動商品就是這樣的銷售手法，還有新冠病毒期間的防疫保單最後停售，就是當初不管有沒有要確診，都同樣人人會買的概念。

行動

行動也可分為三類：

1. **自己擁有決定權**：這種人生活上資金，屬於有自我決定權的花費，只要判斷自己承擔得起的風險及價格，就可以決定花費與否。在溝通的過程中，就能判斷出屬案件的成交掌握度較高者。

2. **決定權在第三人**：這部分比較麻煩，因為凡事都要透過第三人才能決定事情，可能在轉述過程中轉述的不夠完整或是偏差，造成錯失機會。如果可以，就請客戶同意是否授權給第三人知道，最好可以讓我們主動聯繫第三人－可以有決定權之人。我們可以從客戶表現出的意願度高低，或是不願意、表示不方便的情況下，就可以判斷出客戶本身有可能還有一些顧慮或是不放心的情形，這時要幫客戶排解以及讓第三人接受商品，才有機會到下一個步驟。

3 **身邊的有鼓吹的人**：這樣的客戶身邊都有幾個智囊團，通常都是吃好大放送的概念居多。最容易明白的例子就是防疫險保單，用小小的保費去賭大大的保障，當看到身邊的人都是這樣又賺到一筆錢，有些聰明的人或是貪心的客戶在也想分一杯羹的情況下，就會消費購買。這種在信用貸款銷售上也會發生，不要驚訝，如同朋友所言，最近前兩年疫情的關係貸款利率調降時，在新聞媒體的推波助瀾下，說房貸利率有多低造成大家開始炒房，信貸有多低就拿來炒股票，後來資金氾濫造成通貨膨脹，導致現在變成抑制放款與萎縮貨幣政策下的升息結果，造成負面影響。

決策購買

最後的決策購買也分為三類：

1. **客戶本身已經決定好的**：這個很容易分辨。如果客戶可以自己做決定，會有疑問跟互動的表現，而且在態度上面會很積極聯繫，不會有躲避的情況。

2. **由銷售人員給客戶信心跟方向，幫客戶決定**：這裡就會產生一些矛盾點，可能在銷售溝通的過程中客戶給我們的感覺是配合度都很好，但是一旦銷售的熱度冷掉之後，客戶開始躲避的情形就會發生。所以在幫客戶決定的過程中，要掌握好聯絡的時間，千萬不要讓客戶冷掉。不管是銷售任何產品，都是有可能發生衝動性購物喔！

3. **透過第三人幫客戶決定消費**：這個比較需要多花一些心力去思考，能不能主動跟第三人決定者做接觸與說明，這是最有效率的行為。如不行的話，再多從客戶口中了解有決定權的人在乎的事情是什麼，進而去爭取與說明。每個銷售過程中，最重要的是專注客戶的感受跟信任度，其次才是在產品的說明，當您幫客戶解決所有疑問讓客戶放心的同時，您的成功率已經有一半以上了。

Notes

結尾 除了工作以外的附加價值感

在信貸銷售工作那麼多年，一直能承受壓力的原因，絕對不是業績有多好這件事情，能持續維持熱誠的原因，是來自於筆者服務過的客戶對筆者的信任度，還有每筆放款可以幫助多少人解決眼前的難關，以及幫多少客戶完成自己的夢想。

每想起撥款完，客戶有時會特別回撥電話感謝，那種對筆者本身的認可感覺，都會讓筆者有真真實實的踏實感受，那是一種情感上的信任感與客戶的寄託，筆者要感謝客戶的信任跟分享，有他們才會有現在的筆者。

信貸放款其實本身是很無趣的商品，銷售只有數字概念而已，但在這數字遊戲中，我們可創造出不同的情感銷售故事，在收入待遇能滿足自己想要的生活規劃；也因為這樣的工作性質與收入，筆者本身才敢有更多的夢想以及期待能完成的事情。

這份工作帶給我的被動式收入規劃的啟發，是因為我之前看過股神巴菲特說過的一句話：「如果你沒辦法在睡覺時也能賺錢，你就會工作到死掉的那一天。」這是一件多麼恐怖且需要反思的人生過程！加上來自於客戶故事的分享，進而有興趣去學習跟接觸不動產、股票、基金、保險等，可以造就被動式收入來源的財商概念，這些都需要耗費時間去研究學習的技巧。花錢買經驗的過程筆者也嘗試過，在書中之前提到小號故事，就是額外的附加價值感。

勞逸結合的年代，除了工作以外的時間也要發展第二興趣，還有第二份被動收入的規劃，才有辦法幫自己提早慢慢的走入財富自由的世界裡。至於後續是否要再出其他的財商思維概念相關書籍，待日後再評估。初步的概念在書中已經有提到過，當你的思維到哪裡，客戶的思維也會因為你到哪裡，其實筆者沒有特別厲害，只是比一些人懂得分析與分享經驗而已，同時也不擔心別人比筆者厲害。畢竟，筆者常常告訴自己，這些成就不是自己給自己的，而是別人對我的認可跟重視，如果身邊的朋友強大了，自己也不會弱到哪裡。業務單位只要牽涉到利益，就絕對沒有真心的朋友跟同事，做好本份，專注在自己的工作，只要是業務性質是每個歸零的單位，用心在經營客戶是筆者的建議。

送給讀者的一句話：
在業務單位只要牽涉到利益的關係，就絕對沒有眞心的朋友跟同事，做好自己的本份，專注在自己的工作上會勝過去跟他人做比較好。